编委会

主　编　韩雪涛

副主编　吴　瑛　韩广兴

编　委　张丽梅　宋明芳　朱　勇　吴　玮

　　　　吴惠英　张湘萍　高瑞征　韩雪冬

　　　　周文静　吴鹏飞　唐秀鸯　王新霞

　　　　周　洋

一看就会系列丛书

电工安装与维修

一看就会

数码维修工程师鉴定指导中心　组织编写

韩雪涛　主编

吴　瑛　韩广兴　副主编

电子工业出版社

Publishing House of Electronics Industry

北京·BEIJING

内容简介

本书采用"全彩全图"的编排模式，以国家职业资格标准和行业规范为编写目标，对目前电工领域的安装维修专业知识和各项实操技能进行细致的归纳、整理，并结合国家职业相关标准和实际案例将电工安装维修的各项专业实操技能和工作规范展示给读者，力求达到最佳的学习效果。

本书适合广大电工电子从业者、电气安装调试与维修的初学者和从业技术人员及相关院校的师生爱好者阅读使用。

未经许可，不得以任何方式复制或抄袭本书之部分或全部内容。
版权所有，侵权必究。

图书在版编目（CIP）数据

电工安装与维修一看就会/韩雪涛主编．--北京：电子工业出版社．2017.1
（一看就会系列丛书）
ISBN 978-7-121-30140-7

Ⅰ．①电…Ⅱ．①韩…Ⅲ．①电工-安装②电工-维修Ⅳ．①TM0

中国版本图书馆CIP数据核字（2016）第251757号

责任编辑：富　军
印　　刷：天津千鹤文化传播有限公司
装　　订：天津千鹤文化传播有限公司
出版发行：电子工业出版社
　　　　　北京市海淀区万寿路173信箱　　邮编　100036
开　　本：787×1092　1/16　印张：15　字数：385千字
版　　次：2017年1月第1版
印　　次：2018年11月第7次印刷
定　　价：59.80元

凡所购买电子工业出版社的图书，如有缺损问题，请向购买书店调换。若书店售缺，请与本社发行部联系，联系及邮购电话：（010）88254888，88258888。
质量投诉请发邮件至zlts@phei.com.cn，盗版侵权举报请发邮件至dbqq@phei.com.cn。
本书咨询联系方式：（010）88254456。

前 言

本书是一本能够让读者"一看就能学会"电工安装与维修综合技能的图书。

目前,生产生活中电气化程度不断提高,电子电工领域的从业人员逐年增加,电子产品生产、研发、制造、销售、维修等行业提供了广阔的就业空间。然而,从业者无法在短时间内达到从业标准却成为行业人才供需矛盾中的关键问题。广大职业院校在专业知识和技能的教学上理论与实践脱节严重,企业无法承担过重的培训成本,加之电子电工领域新产品、新技术、新工艺、新材料的不断发展,使得从业者在培训难度和培训时间上面临双重困扰。

针对上述情况,我们特别编写了"一看就会系列丛书"。丛书共8本,分别为《电子电路识图与检测一看就会》《家装水电暖工一看就会》《电工安装与维修一看就会》《电工识图与检测一看就会》《万用表使用技能一看就会》《制冷产品维修一看就会》《家电维修一看就会》《电子元器件检测与代换一看就会》。

本书是专门介绍电工安装与维修的图书。电气线路的规划、设计、施工、改造,电气设备的安装、调试及电气线路与设备的检修,电工用电安全等是目前电工安装维修领域所必须具备和掌握的专业知识和技能。随着生活电气智能化程度的提升,社会对具备电气安装与维修技能专业电工人才的需求逐年提升。为了能够编写好本书,我们依托数码维修工程师鉴定指导中心进行了大量的市场调研和资料汇总工作。

本书对当前电气线路的施工、改造及电气线路的规划,电气设备的安装调试等专业技能进行细致筛选和整理,按照读者的学习习惯和行业的培训特点系统编排,并引入大量的实际案例,达到专业学习与岗位实践"无缝对接"。读者可以通过对这些实际案例的学习,学会实用的动手技能,同时可以掌握更多的实践工作经验。

本书的突出特点是"一看就会",旨在让读者能够通过本书轻松掌握电工安装检修的各项综合技能。首先,本书在编排上进行了全方位的革新,采用"**全彩**"+"**全图**"+"**全解**"的方式,在保有高品质技能培训水准的基础上,兼具良好的观看效果。书中大量的图解、图例、图表与文字讲解"融合"在一起,非常方便读者观看阅读,使学习过程更具效果,让学习成果更加显著。

另外,为了确保专业品质,本书由数码维修工程师鉴定指导中心组织编写,由全国电子行业资深专家韩广兴教授亲自指导。编写人员有行业资深工程师、高级技师和一线教师,使读者在学习过程中如同有一群专家在身边指导,将学习和实践中需要注意的重点、难点一一化解,大大提升了学习效果。

电工安装与检修的技能培训是一个长期的、循序渐进的过程,同时需要在实践工作中不断摸索、不断积累经验,各种各样的难题会在学习工作中时常遇到,能够在后期为读者提供更加完备的服务成为本套丛书的另一大亮点。

为了更好地满足读者的需求,达到最佳的学习效果,本套丛书得到了数码维修工程师鉴定指导中心的大力支持,除可获得免费的专业技术咨询外,每本图书都附赠价值50积分的数码维修工程师远程培训基金(培训基金以"学习卡"的形式提供)。读者可凭借此卡登录数码维修工程师的官方网站(www.chinadse.org)获得超值技术服务。网站提供最新的行业信息,大量的视频教学资源、图纸、手册等学习资料及技术论坛。读者凭借学习卡可随时了解最新的数码维修工程师考核培训信息,知晓电子电气领域的业界动态,实现远程在线视频学习,下载图纸、技术手册等学习资料。此外,读者还可以通过网站的技术交流平台进行技术交流和咨询。

读者通过学习与实践还可参加相关资质的国家职业资格或工程师资格认证,可获得相应等级的国家职业资格或数码维修工程师资格证书。如果读者在学习和考核认证方面有什么问题,可通过以下方式与我们联系:

数码维修工程师鉴定指导中心　　　　　　网址:http://www.chinadse.org
联系电话:022-83718162/83715667/13114807267　　E-mail:chinadse@163.com
地址:天津市南开区榕苑路4号天发科技园8-1-401　　邮编:300384

编　者

目 录

第1章 电工作业的安全常识与急救处理（P1）

1.1 电工触电危害与产生原因（P1）
    1.1.1 触电的危害（P1）
    1.1.2 触电事故产生的原因（P2）

1.2 电工触电的防护措施与应急处理（P7）
    1.2.1 防止触电的基本措施（P7）
    1.2.2 摆脱触电的应急措施（P11）
    1.2.3 触电急救的应急处理（P11）

1.3 外伤急救与电气灭火（P15）
    1.3.1 外伤急救措施（P15）
    1.3.2 电气灭火应急处理（P18）

1.4 静电的危害与预防（P20）
    1.4.1 静电的危害（P20）
    1.4.2 静电的预防（P22）

第2章 电工常用工具、仪表的使用规范（P24）

2.1 常用加工工具的使用规范（P24）
    2.1.1 钳子的种类、特点和使用规范（P24）
    2.1.2 扳手的种类、特点和使用规范（P29）
    2.1.3 螺钉旋具的种类、特点和使用规范（P30）
    2.1.4 电工刀的种类、特点和使用规范（P31）
    2.1.5 开凿工具的种类、特点和使用规范（P33）
    2.1.6 管路加工工具的种类、特点和使用规范（P36）

2.2 常用焊接工具的使用规范（P39）
    2.2.1 气焊设备的特点和使用规范（P39）
    2.2.2 电焊设备的特点和使用规范（P41）

2.3 常用检测仪表的使用规范（P44）
    2.3.1 验电器的种类、特点和使用规范（P44）

2.3.2 万用表的种类、特点和使用规范（P45）
2.3.3 兆欧表的种类、特点和使用规范（P47）
2.3.4 钳形表的种类、特点和使用规范（P49）
2.3.5 场强仪的种类、特点和使用规范（P50）
2.3.6 万能电桥的特点和使用规范（P51）
2.4 辅助工具的使用规范（P52）
2.4.1 攀爬工具的种类、特点和使用规范（P52）
2.4.2 防护工具的种类、特点和使用规范（P54）
2.4.3 其他辅助工具的种类、特点和使用规范（P56）

第3章 线路加工与电气设备的安装（P57）

3.1 线缆的剥线加工（P57）
　　3.1.1 塑料硬导线的剥线加工（P57）
　　3.1.2 塑料软导线的剥线加工（P60）
　　3.1.3 塑料护套线的剥线加工（P61）
　　3.1.4 漆包线的剥线加工（P62）
3.2 线缆的连接（P63）
　　3.2.1 线缆的缠接连接（P63）
　　3.2.2 线缆的绞接连接（P69）
　　3.2.3 线缆的扭接连接（P70）
　　3.2.4 线缆的绕接连接（P71）
3.3 线缆连接头的加工（P72）
　　3.3.1 塑料硬导线连接头的加工（P72）
　　3.3.2 塑料软导线连接头的加工（P74）
3.4 线缆焊接与绝缘层恢复（P77）
　　3.4.1 线缆的焊接（P77）
　　3.4.2 线缆绝缘层的恢复（P78）
3.5 线缆的配线技能（P80）
　　3.5.1 瓷夹配线（P80）
　　3.5.2 瓷瓶配线（P81）
　　3.5.3 金属管配线（P83）
　　3.5.4 塑料线槽配线（P85）
　　3.5.5 金属线槽配线的操作技能（P87）
　　3.5.6 塑料管配线的操作技能（P88）
　　3.5.7 钢索配线的操作技能（P91）

第4章 常用电气部件的安装技能（P93）

4.1 控制及保护器件的安装（P93）
    4.1.1 交流接触器的安装（P93）
    4.1.2 热继电器的安装（P96）
    4.1.3 熔断器的安装（P98）
4.2 电源插座的安装（P100）
    4.2.1 三孔电源插座的安装（P100）
    4.2.2 五孔电源插座的安装（P102）
    4.2.3 带开关电源插座的安装（P103）
4.3 接地装置的安装（P106）
    4.3.1 接地形式和接地规范（P106）
    4.3.2 接地体的安装（P109）
    4.3.3 接地线的安装（P112）
    4.3.4 接地装置的测量验收（P116）

第5章 常用低压电气部件的检测技能（P117）

5.1 开关的检测技能（P117）
    5.1.1 开关的结构特点（P117）
    5.1.2 开关的检测技能（P119）
5.2 过载保护器的检测技能（P121）
    5.2.1 过载保护器的结构特点（P121）
    5.2.2 过载保护器的检测技能（P123）
5.3 接触器的检测技能（P125）
    5.3.1 接触器的结构特点（P125）
    5.3.2 接触器的检测技能（P127）
5.4 继电器的检测技能（P128）
    5.4.1 继电器的结构特点（P128）
    5.4.2 继电器的检测技能（P130）

第6章 变压器与电动机的检测技能（P133）

- 6.1 变压器的检测技能（P133）
  - 6.1.1 变压器的结构特点（P133）
  - 6.1.2 变压器的工作原理（P135）
  - 6.1.3 变压器的检测方法（P137）
- 6.2 电动机的检测技能（P140）
  - 6.2.1 电动机的结构特点（P140）
  - 6.2.2 电动机的工作原理（P142）
  - 6.2.3 电动机的拆卸方法（P146）
  - 6.2.4 电动机的检测技能（P148）
  - 6.2.5 电动机的保养维护（P153）

第7章 灯控照明系统的安装、调试与检修技能（P158）

- 7.1 家庭灯控照明系统的安装、调试与检修技能（P158）
  - 7.1.1 家庭灯控照明系统的规划设计（P158）
  - 7.1.2 家庭灯控照明设备的安装技能（P160）
  - 7.1.3 家庭灯控照明系统的调试与检修技能（P163）
- 7.2 公共灯控照明系统的安装、调试与检修技能（P166）
  - 7.2.1 公共灯控照明系统的规划设计（P166）
  - 7.2.2 公共灯控照明设备的安装技能（P168）
  - 7.2.3 公共灯控照明系统的调试与检修技能（P170）

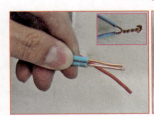

8 第8章 供配电系统的安装、调试与检修技能（P173）

8.1 家庭供配电系统的安装、调试与检修技能（P173）
- 8.1.1 家庭供配电系统的规划设计（P173）
- 8.1.2 家庭供配电设备的安装技能（P177）
- 8.1.3 家庭供配电系统的调试与检修技能（P184）

8.2 小区供配电系统的规划设计与设备安装（P186）
- 8.2.1 小区供配电系统的规划设计（P186）
- 8.2.2 小区供配电设备的安装技能（P189）
- 8.2.3 小区供配电系统的调试与检修技能（P191）

8.3 工地临时用电系统的规划设计与设备安装（P193）
- 8.3.1 工地临时用电系统的规划设计（P193）
- 8.3.2 工地临时用电设备的安装技能（P196）
- 8.3.3 工地临时用电系统的调试与检修技能（P204）

9 第9章 电力拖动系统的安装、调试与检修技能（P205）

9.1 电力拖动系统的规划设计与设备安装（P205）
- 9.1.1 电力拖动线路的设计要求（P205）
- 9.1.2 电动机及拖动设备的安装（P208）
- 9.1.3 控制箱的安装与接线（P210）

9.2 电力拖动系统的调试与检修技能（P213）
- 9.2.1 典型直流电动机启动控制线路的调试与检修（P213）
- 9.2.2 典型三相交流电动机启动控制线路的调试与检修（P214）

9.3 典型电力拖动控制线路的调试与检修实际应用案例（P216）
- 9.3.1 单相交流电动机启动控制线路的调试与检测（P216）
- 9.3.2 三相交流电动机反接制动控制线路的调试与检测（P220）
- 9.3.3 三相交流电动机调速控制线路的调试与检测（P224）
- 9.3.4 电动机拖动水泵构成的农田排灌控制线路的调试与检测（P227）
- 9.3.5 电动机拖动机床构成铣床控制线路的调试与检测（P229）

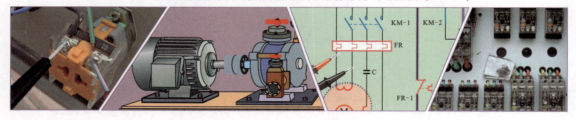

第1章 电工作业的安全常识与急救处理

1.1 电工触电危害与产生原因

1.1.1 触电的危害

触电是电工作业中最常发生的，也是危害最大的一类事故。触电所造成的危害主要体现在，当人体接触或接近带电体造成触电事故时，电流流经人体，对接触部位和人体内部器官等造成不同程度的伤害，甚至威胁到生命，造成严重的伤亡事故。

触电电流是造成人体伤害的主要原因，触电电流的大小不同，触电引起的伤害也会不同。触电电流按照伤害大小可分为感觉电流、摆脱电流、伤害电流和致死电流，如图1-1所示。

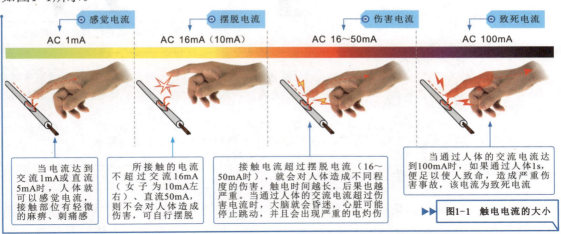

▶▶ 图1-1 触电电流的大小

根据触电电流危害程度的不同，触电的危害主要表现为"电伤"和"电击"两大类。"电伤"主要是指电流通过人体某一部分或电弧效应而造成的人体表面伤害，主要表现烧伤或灼伤，如图1-2所示。

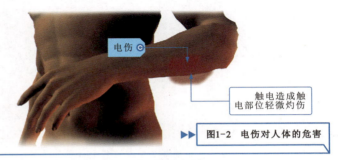

▶▶ 图1-2 电伤对人体的危害

一般情况下，虽然"电伤"不会直接造成十分严重的伤害，但可能会因电伤造成精神紧张等情况，从而导致摔倒、坠落等二次事故，即间接造成严重危害，需要注意防范，如图1-3所示。

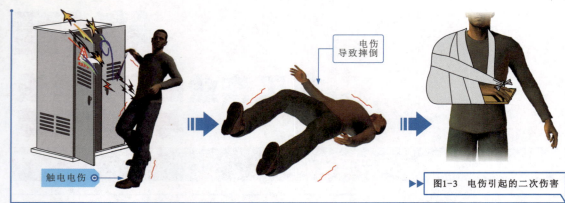

图1-3 电伤引起的二次伤害

"电击"是指电流通过人体内部而造成内部器官，如心脏、肺部和中枢神经等的损伤。电流通过心脏时，危害性最大。相比较来说，"电击"比"电伤"造成的危害更大，如图1-4所示。

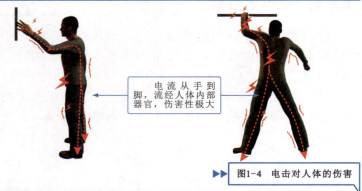

图1-4 电击对人体的伤害

值得一提的是，不同的触电电流频率，对触电者造成的损害也会有差异。实验证明，触电电流的频率越低，对人身的伤害越大，频率为40～60Hz的交流电对人体更为危险，随着频率的增高，触电危险的程度会随之下降。

除此之外，触电者自身的状况也在一定程度上会影响触电造成的伤害。身体健康状况、精神状态及表面皮肤的干燥程度、触电的接触面积和穿着服饰的导电性都会对触电伤害造成影响。

1.1.2 触电事故产生的原因

人体组织中有60%以上是由含有导电物质的水分组成，因此，人体是个导体，当人体接触设备的带电部分并形成电流通路的时候，就会有电流流过人体，从而造成触电，如图1-5所示。

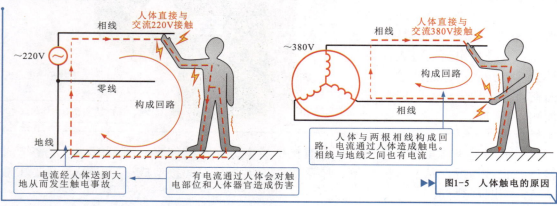

图1-5 人体触电的原因

触电事故是电工作业中威胁人身安全的严重事故。触电事故产生的原因多种多样，大多是因作业疏忽或违规操作，使身体直接或间接接触带电部位造成的。除此之外，设备安全措施不完善、安全防护不到位、安全意识薄弱、作业环境条件不良等也是引发触电事故的常见原因。

1 作业疏忽或违规操作易引发触电事故

电工人员进行线路连接时，因为操作不慎，手碰到线头引起单相触电事故；或是因为未在线路开关处悬挂警示标志和留守监护人员，致使不知情人员闭合开关，导致正在操作的人员发生单相触电，如图1-6所示。

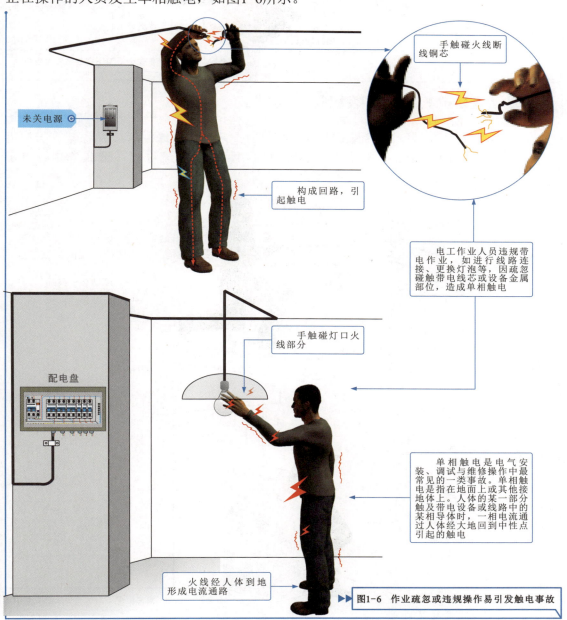

图1-6 作业疏忽或违规操作易引发触电事故

2 设备安全措施不完善易引发触电事故

电工人员进行作业时，若工具绝缘失效、绝缘防护措施不到位，未正确佩戴绝缘防护工具等，极易与带电设备或线路碰触，进而造成触电事故，如图1-7所示。

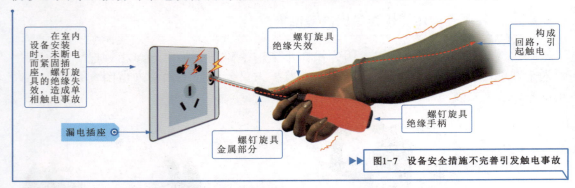

▶▶▶ 图1-7 设备安全措施不完善引发触电事故

3 安全防护不到位易引发触电事故

电工操作人员在进行线路调试或维修过程中，未佩戴绝缘手套、绝缘鞋等防护措施，碰触到裸露的电线（正常工作中的配电线路，有电流流过），造成单相触电事故，如图1-8所示。

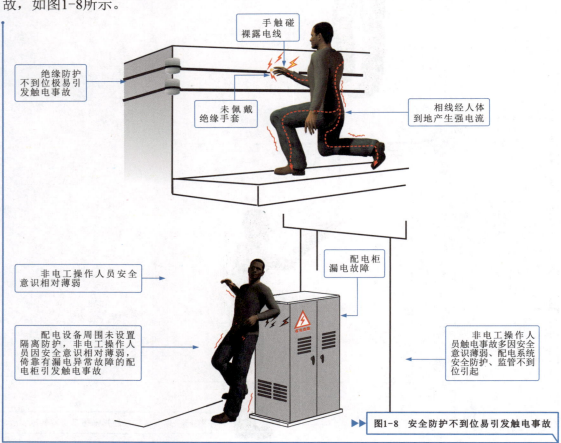

▶▶▶ 图1-8 安全防护不到位易引发触电事故

4 安全意识薄弱易引发触电事故

电工作业的危险性要求所有电工人员必须具备强烈的安全意识，安全意识薄弱易引发触电事故，如图1-9所示。

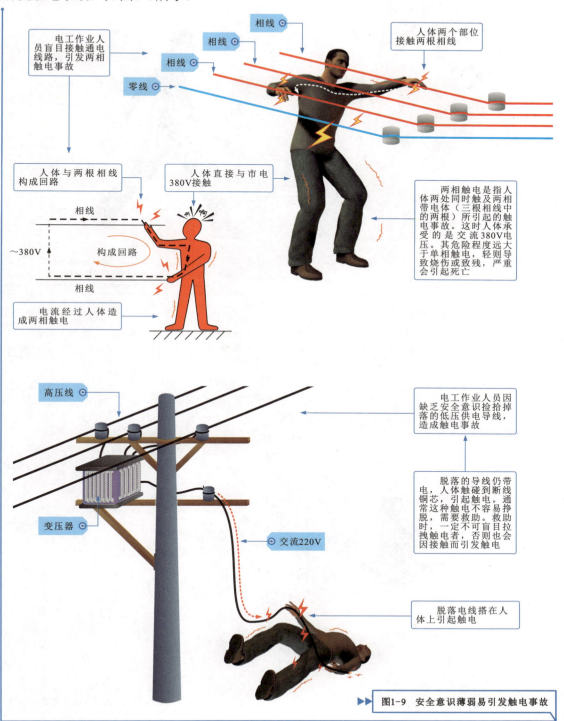

图1-9 安全意识薄弱易引发触电事故

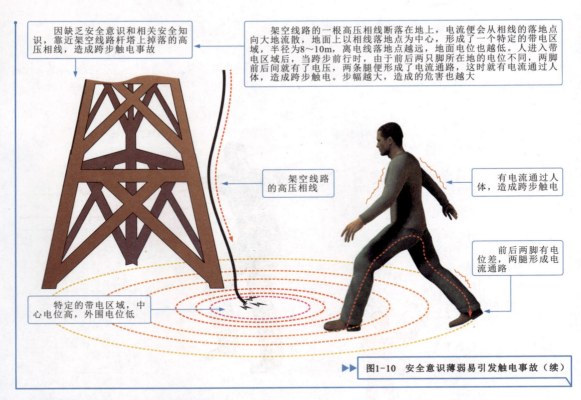

图1-10 安全意识薄弱易引发触电事故（续）

5 环境条件不良引起触电事故

在雷电天气时，电工人员接触金属物体、导线等容易被引入的雷电击中引起触电，如图1-11所示。

图1-11 环境条件不良引起触电事故

1.2 电工触电的防护措施与应急处理

1.2.1 防止触电的基本措施

由于触电的危害性较大，造成的后果非常严重，为了防止触电的发生，必须采用可靠的安全技术措施。目前，常用的防止触电的基本安全措施主要有绝缘、屏护、间距、安全电压、漏电保护、保护接地与保护接零等几种。

1 绝缘

绝缘通常是指通过绝缘材料使带电体与带电体之间、带电体与其他物体之间进行电气隔离，使设备能够长期安全、正常工作，同时防止人体触及带电部分，避免发生触电事故。

良好的绝缘是设备和线路正常运行的必要条件，也是防止直接触电事故的重要措施，如图1-12所示。

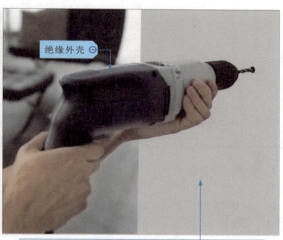

操作人员拉合电气设备刀闸时，佩戴绝缘手套，实现与电气设备操作杆之间的电气隔离

电工操作中的大多数工具、设备等采用绝缘材料制成外壳或手柄，实现与内部带电部分的电气隔离

▶▶ 图1-12 电工操作中的绝缘措施

目前，常用的绝缘材料有玻璃、云母、木材、塑料、胶木、布、纸、漆等，每种材料的绝缘性能和耐压数值都有所不同，应视情况合理选择。绝缘手套、绝缘鞋及各种维修工具的绝缘手柄都是为了起到绝缘防护的作用，如图1-13所示，绝缘性能必须满足国家现行的绝缘标准。

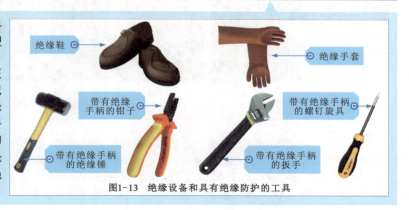

图1-13 绝缘设备和具有绝缘防护的工具

绝缘材料在腐蚀性气体、蒸汽、潮汽、粉尘、机械损伤的作用下，其绝缘性能会下降。应严格按照电工操作规程进行操作，使用专业的检测仪对绝缘手套和绝缘鞋定期进行绝缘和耐高压测试，如图1-14所示。

定期试验时间	防护工具	额定耐压(kV/min)	耐压时间（min）
6个月	低压绝缘手套	8	1
	高压绝缘手套	2.5	1
	绝缘鞋	15	5
12个月	高压验电器	105	1
	低压验电器	40	1
	绝缘棒	三倍电压	5

对绝缘工具的绝缘性能、绝缘等级进行定期检查，周期通常为一年左右；防护工具应当进行定期耐压检测，定期试验周期通常为半年左右。常见绝缘工具和防护工具的定期试验参数见左表所列

▶▶▶ 图1-14 绝缘测试

2 屏护

屏护通常是指使用防护装置将带电体所涉及的场所或区域范围进行防护隔离，如图1-15所示，防止电工操作人员和非电工人员因靠近带电体而引发的直接触电事故。

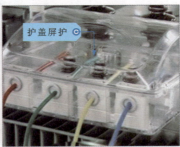

▶▶▶ 图1-15 屏护措施

常见的屏护防护措施有围栏屏护、护盖屏护、箱体屏护等。屏护装置的必须具备足够的机械强度和较好的耐火性能。若材质为金属材料，则必须采取接地（或接零）处理，防止屏护装置意外带电而造成触电事故。屏护应按电压等级的不同而设置，变配电设备必须安装完善的屏护装置。通常，室内围栏屏护高度不应低于1.2m，室外围栏屏护高度不应低于1.5m，栏条间距不应小于0.2m。

3 间距

间距一般是指进行作业时,操作人员与设备之间、带电体与地面之间、设备与设备之间应保持的安全距离,如图1-16所示。正确的间距可以防止人体触电、防止电气短路事故、防止火灾等事故的发生。

操作人员借助绝缘工具与电气设备保持安全距离

操作人员借助专用工具与电气设备保持安全距离

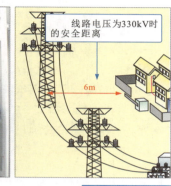
线路电压为330kV时的安全距离 6m

▶▶▶ 图1-16 间距措施

带电体电压不同,类型不同,安装方式不同等,要求操作人员作业时所需保持的间距也不一样。安全间距一般取决于电压、设备类型、安装方式等相关的因素。表1-1所列为间距类型及说明。

表1-1 间距类型及说明

间距类型	说明
线路间距	线路间距是指厂区、市区、城镇低压架空线路的安全距离。一般情况下,低压架空线路导线与地面或水面的距离不应低于6m。330kV线路与附近建筑物之间的距离不应小于6m
设备间距	电气设备或配电装置的装设应考虑到搬运、检修、操作和试验的方便性。为确保安全,电气设备周围需要保持必要的安全通道。例如,在配电室内,低压配电装置正面通道宽度,单列布置时应不小于1.5m。另外,带电设备与围栏之间也应满足安全距离要求(具体数值参考本书中的"带电设备部分到各种围栏的安全距离"表中规定)
检修间距	检修间距是指在维护检修中人体及所带工具与带电体之间、与停电设备之间必须保持的足够的安全距离(具体数值参考本书中的"工作人员工作中正常活动范围与带电设备的安全距离"和"设备不停电时的安全距离"表中规定)。 起重机械在架空线路附近进行作业时,要注意其与线路导线之间应保持足够的安全距离

4 安全电压

安全电压是指为了防止触电事故而规定的一系列不会危及人体的安全电压值,即把可能加在人身上的电压限制在某一范围之内,在该范围内电压下通过人体的电流不超过允许的范围,不会造成人身触电,如图1-17所示。

42V: 危险环境中使用的手持电动工具应采用42V安全电压。如无特殊安全结构或措施,应采用42V或36V安全电压

36V: 有电击危险环境中,使用的手持式照明灯和局部照明灯应采用36V或24V安全电压

24V: 注意,超过24V安全电压时,必须采取防止直接触及带电体的保护措施

隧道、矿井等潮湿场所,工作地点狭窄、行动不便及周围有大面积接地导体环境,采用24V或12V安全电压

12V: 在特别潮湿场所和金属容器内,工作照明电源电压不得大于12V

6V: 在水下作业等场所工作应使用6V安全电压

我国规定不同环境下的安全电压极限值的等级为42V、36V、24V、12V、6V(工频有效值)。若电气采用的实际工作电压超过安全电压值时,必须按规定采取保护措施,避免直接接触带电体。国家电网规定,一般环境下的安全电压为36V,安全电流为10mA

▶▶▶ 图1-17 安全电压

需要注意，安全电压仅为特低电压保护形式，不能认为仅采用了"安全"特低电压电源就可以绝对防止电击事故发生。安全特低电压必须由安全电源供电，如安全隔离变压器、蓄电池及独立供电的柴油发电机，即使在故障时，仍能够确保输出端子上的电压不超过特低电压值的电子装置电源等。

5 漏电保护

漏电保护是指借助漏电保护器件实现对线路或设备的保护，防止人体触及漏电线路或设备时发生触电危险。

漏电是指电气设备或线路绝缘损坏或其他原因造成导电部分破损时，如果电气设备的金属外壳接地，那么此时电流就由电气设备的金属外壳经大地构成通路，从而形成电流，即漏电电流。当漏电电流达到或超过其规定允许值（一般不大于30mA）时，漏电保护器件能够自动切断电源或报警，以保证人身安全，如图1-18所示。

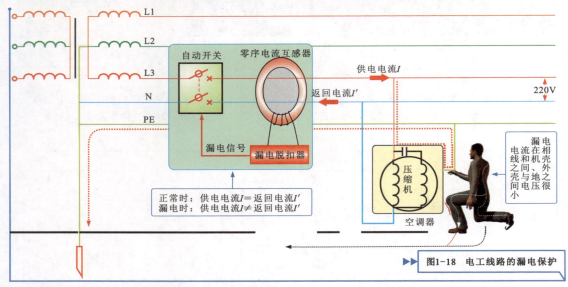

▶▶ 图1-18 电工线路的漏电保护

6 保护接地与保护接零

保护接地和保护接零是间接触电防护措施中最基本的措施，如图1-19所示。

▶▶ 图1-19 电动机外壳接地的漏电保护方式

1.2.2 摆脱触电的应急措施

触电事故发生后，救护者要保持冷静，首先观察现场，推断触电原因，然后采取最直接、最有效的方法实施救援，让触电者尽快摆脱触电环境，如图1-20所示。

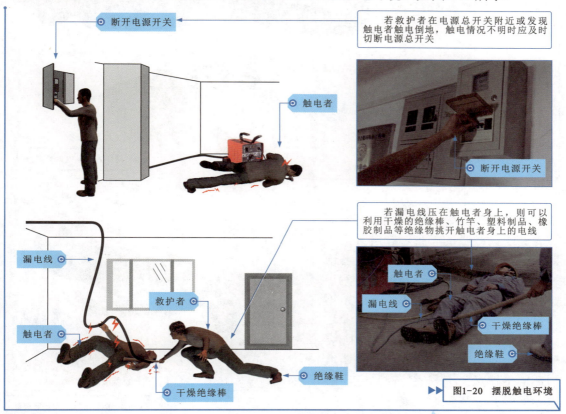

>>> 图1-20 摆脱触电环境

特别注意，整个施救过程要迅速、果断。尽可能利用现场现有资源实施救援以争取宝贵的救护时间。绝对不可直接拉拽触电者，否则极易造成连带触电。

1.2.3 触电急救的应急处理

触电者脱离触电环境后，不要将其随便移动，应将触电者仰卧，并迅速解开触电者的衣服、腰带等，保证其正常呼吸，疏散围观者，保证周围空气畅通，同时拨打120急救电话。做好以上准备工作后，就可以根据触电者的情况做相应的救护。

1 呼吸、心跳情况的判断

当发生触电事故时，若触电者意识丧失，应在10s内迅速观察并判断伤者呼吸及心跳情况，如图1-21所示。

若触电者神志清醒，但有心慌、恶心、头痛、头昏、出冷汗、四肢发麻、全身无力等症状，则应让触电者平躺在地，并仔细观察触电者，最好不要让触电者站立或行走。

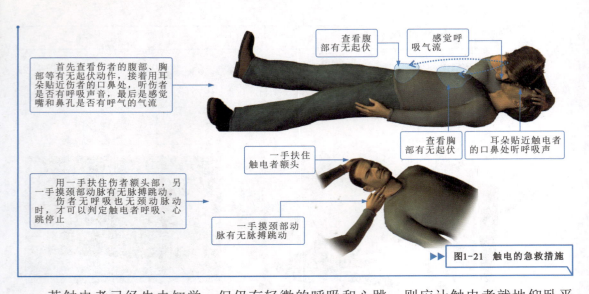

▶▶▶ 图1-21 触电的急救措施

若触电者已经失去知觉，但仍有轻微的呼吸和心跳，则应让触电者就地仰卧平躺，要让气道通畅，应把触电者衣服及有碍于其呼吸的腰带等物解开，帮助其呼吸，并且在5s内呼叫触电者或轻拍触电者肩部，以判断触电者意识是否丧失。在触电者神志不清时，不要摇动触电者的头部或呼叫触电者。

图1-22为触电者的正确躺卧姿势。天气炎热时，应使触电者在阴凉的环境下休息。天气寒冷时，应帮触电者保温并等待医生到来。

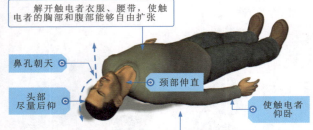

▶▶▶ 图1-22 触电者的正确躺卧姿势

2 急救措施

通常情况下，若正规医疗救援不能及时到位，而触电者已无呼吸，但是仍然有心跳时，应及时采用人工呼救法进行救治。

在进行人工呼吸前，首先要确保触电者口鼻的畅通。救护者最好用一只手捏紧触电者的鼻孔，使鼻孔紧闭，另一只手掰开触电者的嘴巴，除去口腔里的黏液、食物、假牙等杂物。如果触电者牙关紧闭，无法将嘴张开，可采取口对鼻吹气的方法。如果触电者的舌头后缩，应把舌头拉出来使其呼吸畅通，如图1-23所示。

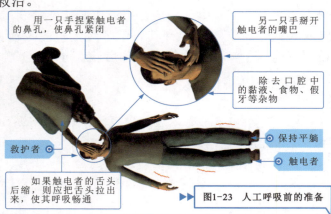

▶▶▶ 图1-23 人工呼吸前的准备

做完前期准备后,开始进行人工呼吸,如图1-24所示。

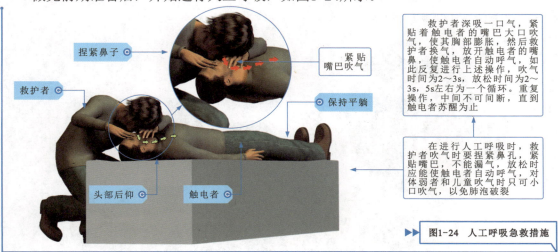

图1-24 人工呼吸急救措施

若触电者嘴或鼻被电伤,无法进行口对口人工呼吸或口对鼻人工呼吸时,也可以采用牵手呼吸法进行救治,如图1-25所示。

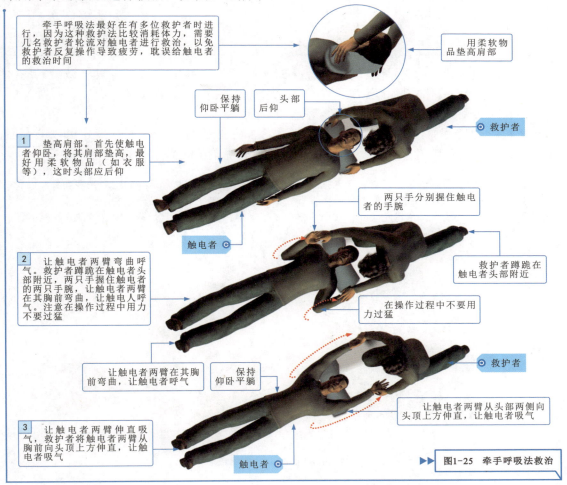

图1-25 牵手呼吸法救治

在触电者心音微弱、心跳停止或脉搏短而不规则的情况下，可采用胸外心脏按压救治的方法来帮助触电者恢复正常心跳，如图1-26所示。

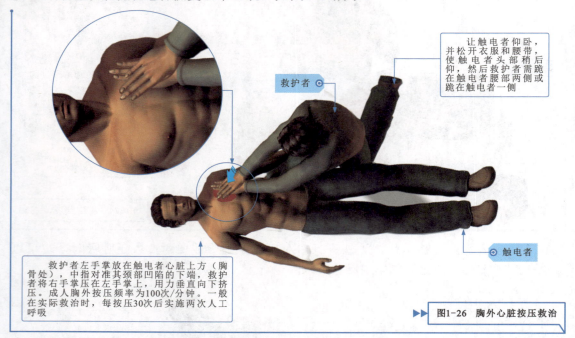

救护者左手掌放在触电者心脏上方（胸骨处），中指对准其颈部凹陷的下端，救护者将右手掌压在左手掌上，用力垂直向下挤压。成人胸外按压频率为100次/分钟。一般在实际救治时，每按压30次后实施两次人工呼吸

让触电者仰卧，并松开衣服和腰带，使触电者头部稍后仰，然后救护者需跪在触电者腰部两侧或跪在触电者一侧

▶▶▶ 图1-26　胸外心脏按压救治

在抢救过程中，要不断观察触电者面部动作，若嘴唇稍有开合，眼皮微微活动，喉部有吞咽动作，则说明触电者已有呼吸，可停止救助。如果触电者仍没有呼吸，需要同时利用人工呼吸和胸外心脏按压法进行治疗。

在抢救的过程中，如果触电者身体僵冷，医生也证明无法救治时，才可以放弃治疗。反之，如果触电者瞳孔变小，皮肤变红，则说明抢救收到了效果，应继续救治。

寻找正确的按压点位时，可将右手食指和中指沿着触电者的右侧肋骨下缘向上，找到肋骨和胸骨结合处的中点，如图1-27所示。将两根手指并齐，中指放置在胸骨与肋骨结合处的中点位置，食指平放在胸骨下部（按压区），将左手的手掌根紧挨着食指上缘，置于胸骨上；然后将定位的右手移开，并将掌根重叠放于左手背上，有规律按压即可。

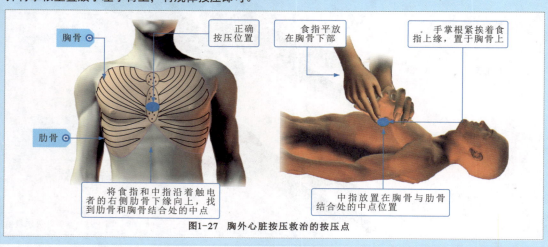

图1-27　胸外心脏按压救治的按压点

1.3 外伤急救与电气灭火

1.3.1 外伤急救措施

在电工作业过程中，碰触尖锐利器、电击、高空作业等可能会造成电工操作人员出现各种体表外部的伤害事故，其中较易发生的外伤主要有割伤、摔伤和烧伤三种，对不同的外伤要采用正确的急救措施。

1 割伤应急处理

在电工作业过程中，割伤是比较常见的一类外伤事故。割伤是指电工操作人员在使用电工刀或钳子等尖锐的利器进行相应操作时，由于操作失误或操作不当造成的割伤或划伤。

伤者割伤出血时，需要在割伤的部位用棉球蘸取少量的酒精或盐水将伤口清洗干净，另外，为了保护伤口，用纱布（或干净的毛巾等）包扎，如图1-28所示。

▶▶▶ 图1-28 割伤的应急处理

若经初步救护还不能止血或是血液大量渗出时，则需要赶快请救护车来。在救护车到来以前，要压住患处接近心脏的血管，接着可用下列方法进行急救：

（1）手指割伤出血：受伤者可用另一支手用力压住受伤处两侧。

（2）手、手肘割伤出血：受伤者需要用四个手指，用力压住上臂内侧隆起的肌肉，若压住后仍然出血不止，则说明没有压住出血的血管，需要重新改变手指的位置。

（3）上臂、腋下割伤出血：这种情形必须借助救护者来完成。救护者拇指向下、向内用力压住伤者锁骨下凹处的位置即可。

（4）脚、胫部割伤出血：这种情形也需要借助救护者来完成。首先让受伤者仰躺，将其脚部微微垫高，救护者用两只拇指压住受伤者的股沟、腰部、阴部间的血管即可。

指压方式止血只是临时应急措施。若将手松开，则血还会继续流出。因此，一旦发生事故，要尽快呼叫救护车。在医生尚未到来时，若有条件，最好使用止血带止血，即在伤口血管距离心脏较近的部位用干净的布绑住，并用木棍加以固定，便可达到止血效果，如图1-29所示。

止血带每隔30min左右就要松开一次，以便让血液循环；否则，伤口部位被捆绑的时间过长，会对受伤者身体造成危害。

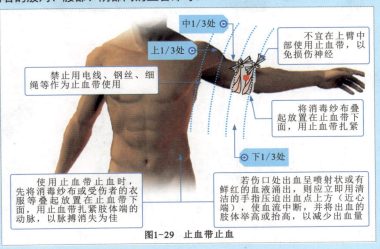

图1-29 止血带止血

2 摔伤应急处理

在电工作业过程中,摔伤主要发生在一些登高作业中。摔伤应急处理的原则是先抢救、后固定。首先快速准确查看受伤者的状态,应根据不同受伤程度和部位进行相应的应急救护措施,如图1-30所示。

▶▶ 图1-30 不同程度摔伤伤害的应急措施

若受伤者是从高处坠落、受挤压等,则可能有胸腹内脏破裂出血,需采取恰当的救治措施,如图1-31所示。

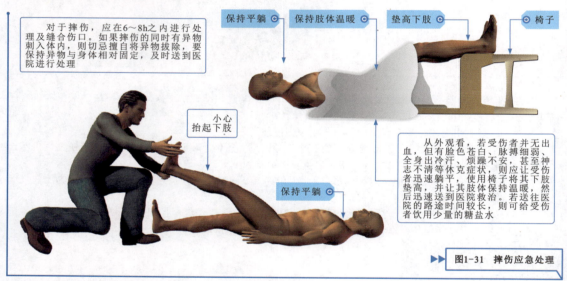

▶▶ 图1-31 摔伤应急处理

肢体骨折时,一般使用夹板、木棍、竹竿等将断骨上、下两个关节固定,也可用受伤者的身体进行固定,如图1-32所示,以免骨折部位移动,减少受伤者疼痛,防止受伤者的伤势恶化。

▶▶ 图1-32 肢体骨折的固定方法

颈椎骨折时，一般先让伤者平卧，将沙土袋或其他代替物放在头部两侧，使颈部固定不动。切忌使受伤者头部后仰、移动或转动其头部。

当出现腰椎骨折时，应让受伤者平卧在平硬的木板上，并将腰椎躯干及两侧下肢一起固定在木板上，预防受伤者瘫痪，如图1-33所示。

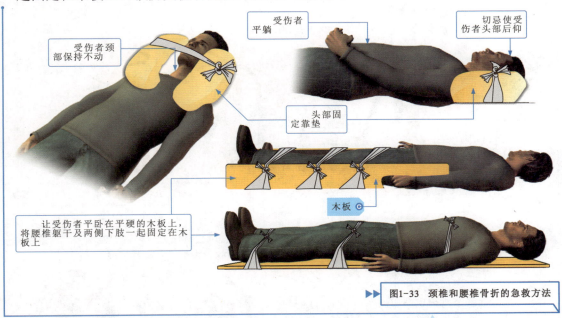

▶▶ 图1-33 颈椎和腰椎骨折的急救方法

值得注意的是，若出现开放性骨折，有大量出血，则先止血再固定，并用干净布片覆盖伤口，然后迅速送往医院进行救治，切勿将外露的断骨推回伤口内。若没有出现开放性骨折，则最好也不要自行或让非医务人员进行揉、拉、捏、掰等，应该等急救医生赶到或到医院后让医务人员进行救治。

3 烧伤的应急处理

烧伤多由于触电及火灾事故引起。一旦出现烧伤，应及时对烧伤部位进行降温处理，并在降温过程中小心除去衣物，可能降低伤害，如图1-34所示，然后等待就医。

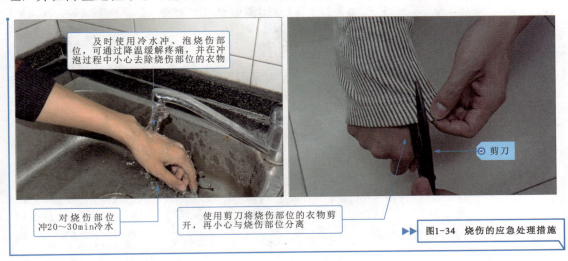

▶▶ 图1-34 烧伤的应急处理措施

1.3.2 电气灭火应急处理

电气火灾通常是指由于电气设备或电气线路操作、使用或维护不当而直接或间接引发的火灾事故。一旦发生电气火灾事故，应及时切断电源，拨打火警电话119报警，并使用身边的灭火器灭火。

图1-35为几种电气火灾中常用灭火器的类型。

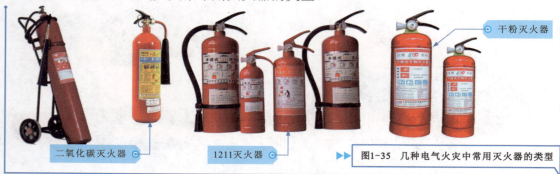

图1-35 几种电气火灾中常用灭火器的类型

一般来说，对于电气线路引起的火灾，应选择干粉灭火器、二氧化碳灭火器、二氟一氯一溴甲烷灭火器（1211灭火器）或二氟二溴甲烷灭火器，这些灭火器中的灭火剂不具有导电性。

注意，电气类火灾不能使用泡沫灭火器、清水灭火器或直接用水灭火，因为泡沫灭火器和清水灭火器都属于水基类灭火器，这类灭火器其内部灭火剂有导电性，适用于扑救油类或其他易燃液体火灾，不能用于扑救带电体火灾及其他导电物体火灾。

操作灭火器前，需要首先了解灭火器的基本结构组成，如图1-36所示。

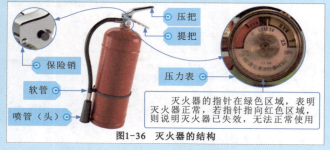

图1-36 灭火器的结构

使用灭火器灭火，要先除掉灭火器的铅封，拔出位于灭火器顶部的保险销，然后压下压把，将喷管（头）对准火焰根部进行灭火，如图1-37所示。

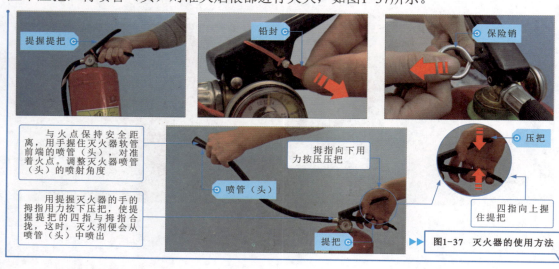

图1-37 灭火器的使用方法

灭火时，应保持有效喷射距离和安全角度（不超过45°），如图1-38所示，对火点由远及近，猛烈喷射，并用手控制喷管（头）左右、上下来回扫射，与此同时，快速推进，保持灭火剂猛烈喷射的状态，直至将火扑灭。

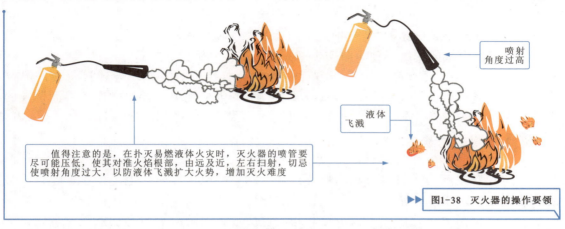

图1-38 灭火器的操作要领

灭火人员在灭火过程中需具备良好的心理素质，遇事不要惊慌，保持安全距离和安全角度，严格按照操作规程进行灭火操作，如图1-39所示。

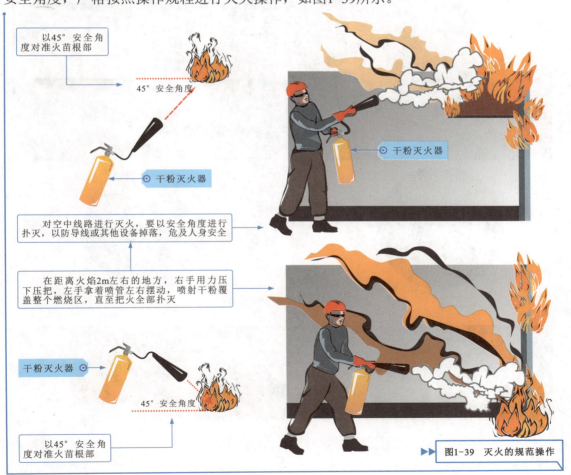

图1-39 灭火的规范操作

1.4 静电的危害与预防

1.4.1 静电的危害

静电（static electricity）是一种处于静止状态（或不流动状态）的电荷。通常，通过相对运动、摩擦或接触会使电荷聚集于人体或其他物体，这就是静电。

静电的危害主要有三方面：一方面是静电会直接影响生产，导致设备或产品故障，影响设备和产品的寿命等；第二方面是静电的电击现象可导致操作失误而诱发的人身事故或设备故障；第三方面是静电可直接引发爆炸、火灾等事故。

1 静电会影响生产

静电会对生产造成直接影响，如图1-40所示。静电可能引起电子设备、计算机等故障或误动作，影响正常运行；静电易造成电磁干扰，引发无电线通信异常等危害；静电会导致精密电子元器件内部击穿断路，造成设备故障；静电会加速元件老化，降低设备使用寿命，妨碍生产。

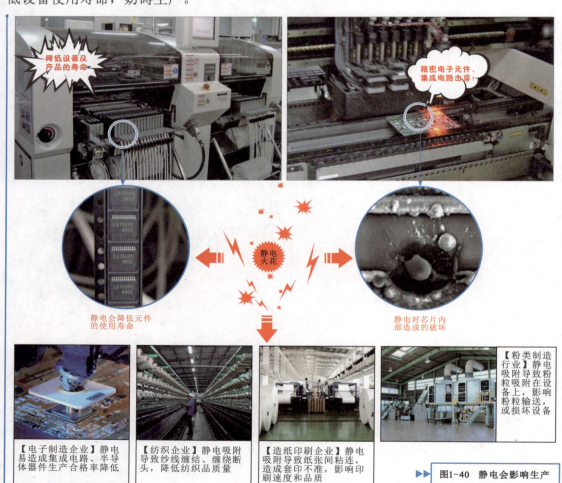

▶▶▶ 图1-40 静电会影响生产

2 静电对人体的危害

静电会对人体造成电击的伤害。静电的电击伤害极易导致人体的应激反应，使电工作业人员动作失常，诱发触电、高空坠落或设备故障等二次故障，如图1-41所示。

一般情况下，普通静电电击的危害程度较小，人体受到电击后不会危及生命。但一些特殊环境下，也可能造成严重后果。例如，电工操作人员在作业中，受到静电电击可能因精神紧张导致工作失误，或因较大电击而摔倒，造成二次事故等。

静电电击的程度与静电电压大小有关，静电电压越大，电击程度越大，引起的危害程度也越大

静电电压（kV）	电击程度
1～2.5	放电部位有轻微冲击感，不疼痛，有微弱的放电响声
2.5～3	有轻微刺痛感，可看到放电火花
3～5	手指有较强的刺痛感，有电击感觉
5～6	手指、手掌有电击疼痛感、轻微麻木感，有明显放电啪啪声
7～9	手指剧痛，手掌、手腕部有强烈电击感、麻木感
10以上	手指剧烈麻木，有电流流过感觉，有强烈电击感

▶▶▶ 图1-41 静电会对人体造成危害

3 静电会引发爆炸、火灾等重大事故

静电放电时会产生火花，这些火花在易燃易爆品或粉尘、油雾、气体的生产场所（如石油、化工、煤矿、矿井等）极易引起爆炸和火灾，这也是静电造成的最严重危害，如图1-42所示。

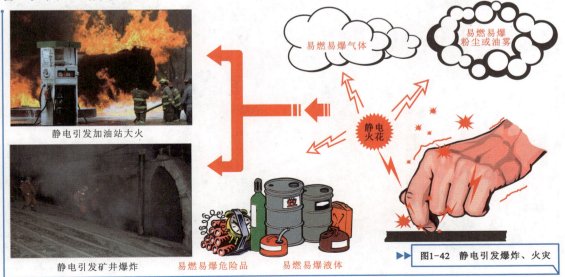

▶▶▶ 图1-42 静电引发爆炸、火灾

1.4.2 静电的预防

静电预防是指为防止静电积累所引起的人身电击、电子设备失误、电子器件失效和损坏，严重的火灾和爆炸事故，以及对生产制造业的妨碍等危害所采取的防范措施。

目前，预防静电的关键是限制静电的产生、加快静电的释放、进行静电的中和等，常采用的预防措施主要包括接地、搭接、增加湿度、中和、使用抗静电剂等。

1 接地

接地是进行静电预防最简单、最常用的一种措施。接地的关键是将物体上的静电电荷通过接地导线释放到大地。

接地分为人体接地和设备接地两种，如图1-43所示。

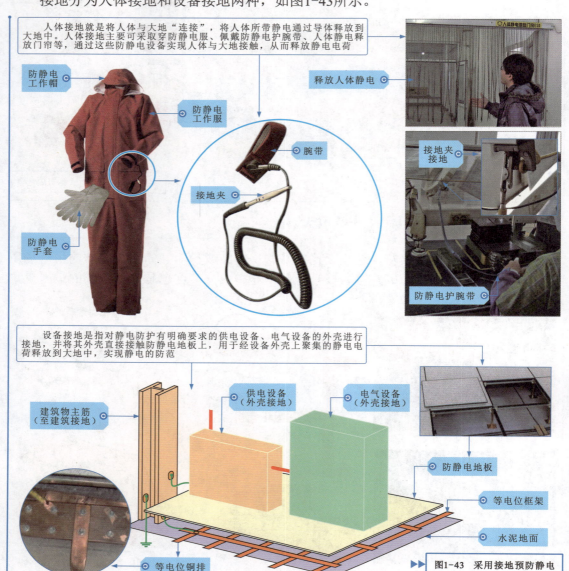

▶▶▶ 图1-43 采用接地预防静电

2 搭接

搭接或跨接是指将距离较近的（小于100mm）两个以上独立的金属导体，如金属管道之间、管道与容器之间进行电气上的连接，如图1-44所示，使其相互间基本处于相同的电位，防止静电积累。

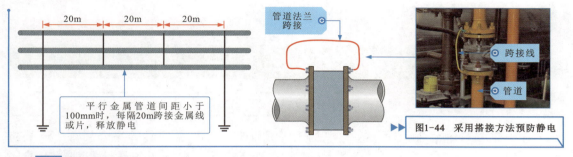

▶▶▶ 图1-44 采用搭接方法预防静电

3 增加湿度

增加湿度是指增加空气湿度，利于静电电荷释放，并有效限制静电电荷的积累。一般情况下，空气湿度保持70%以上利于消除静电危害。

4 静电中和

静电中和是进行静电防范的主要措施，是指借助静电中和器将空气分子电离出与带电物体静电电荷极性相反的电荷，并与带电物体的静电电荷相互抵消，从而达到消除静电的目的，如图1-45所示。

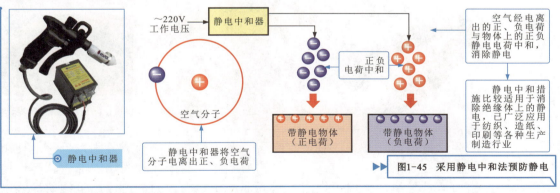

▶▶▶ 图1-45 采用静电中和法预防静电

5 使用抗静电剂

对于一些高绝缘材料，无法有效泄漏静电时，可采用添加抗静电剂的方法，以增大材料的导电率，使静电加速泄漏，消除静电危害，如图1-46所示。

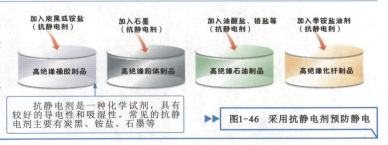

▶▶▶ 图1-46 采用抗静电剂预防静电

第2章 电工常用工具、仪表的使用规范

2.1 常用加工工具的使用规范

2.1.1 钳子的种类、特点和使用规范

在电工操作维修中，钳子在导线加工、线缆弯制、设备安装等场合都有广泛的应用。从结构上看，钳子主要由钳头和钳柄两部分构成。根据钳头设计和功能上的区别，钳子又可以分为钢丝钳、斜口钳、尖嘴钳、剥线钳、压线钳及网线钳等。

1 钢丝钳的特点和使用规范

钢丝钳主要是由钳头和钳柄两部分构成的。其中，钳柄处有绝缘套保护；钳头主要是由钳口、齿口、刀口和铡口构成的。图2-1为钢丝钳的实物外形。

图2-1 钢丝钳的实物外形

钢丝钳主要功能是剪切线缆、剥削绝缘层、弯折线芯、松动或紧固螺母等。使用钢丝钳时一般多采用右手操作，使钢丝钳的钳口朝内，便于控制钳切的部位。可以使用钢丝钳的钳口弯绞导线，齿口可以用于紧固或拧松螺母，刀口可以用于修剪导线以及拔取铁钉，铡口可以用于铡切较细的导线或金属丝，如图2-2所示。

图2-2 钢丝钳的使用规范

2 斜口钳的特点和使用规范

斜口钳的钳头部位为偏斜式的刀口。偏斜式刀口可以贴近导线或金属的根部进行切割。斜口钳可以按照尺寸划分，比较常见的尺寸有4in（1in=0.0254m）、6in、8in等。斜口钳主要用于线缆绝缘皮的剥削或线缆的剪切等操作。图2-3为斜口钳的实物外形。

▶▶ 图2-3 斜口钳的实物外形

使用斜口钳时，将偏斜式的刀口正面朝上，背面靠近导线需要切割的位置。钳头均为金属材质，具有导电性，不可使用斜口钳切割带电的双股线缆。若使用斜口钳切割带电的双股线缆，则会导致线路短路或使线缆连接的设备损坏。图2-4为斜口钳的使用规范。

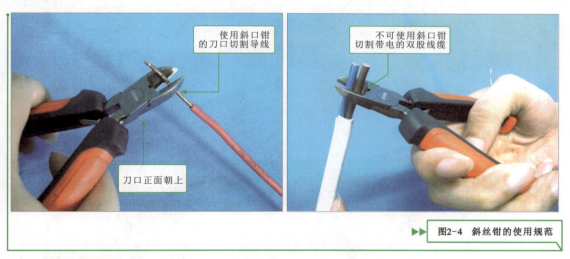

▶▶ 图2-4 斜丝钳的使用规范

3 尖嘴钳的特点和使用规范

尖嘴钳的钳头部分较细，可以在较小的空间中操作。尖嘴钳可以分为带有刀口型的尖嘴钳和无刀口的尖嘴钳，如图2-5所示。

带有刀口的尖嘴钳可以用于切割较细的导线、剥离导线的塑料绝缘层、将单股导线接头弯环及夹捏较细的物体等；无刀口的尖嘴钳只能用于弯折导线的接头及夹捏较细的物体等。

▶▶ 图2-5 尖嘴钳的实物外形

在使用尖嘴钳时,一般使用右手握住钳柄,不可以将钳头对向自己,可以用钳头上的刀口修整导线,用钳口夹住导线的接线端子,并对其修整固定。图2-6为尖嘴钳的使用规范。

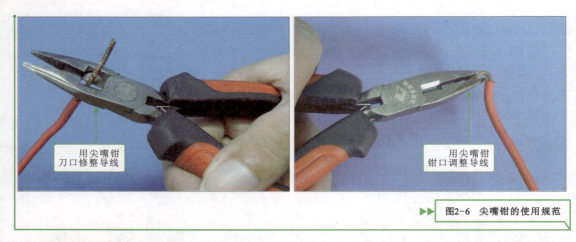

▶▶ 图2-6 尖嘴钳的使用规范

4 剥线钳的特点和使用规范

剥线钳主要用于剥除线缆的绝缘层。在电工操作中,常使用的剥线钳主要有压接式剥线钳和自动式剥线钳两种。图2-7为剥线钳的实物外形。

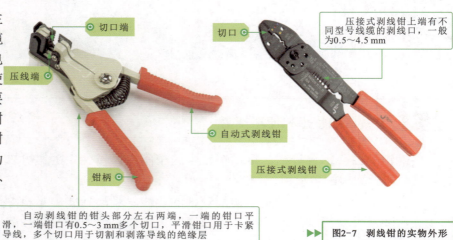

自动剥线钳的钳头部分左右两端,一端的钳口平滑,一端钳口有0.5~3 mm多个切口,平滑钳口用于卡紧导线,多个切口用于切割和剥落导线的绝缘层

▶▶ 图2-7 剥线钳的实物外形

使用剥线钳剥线操作时，一般会根据导线选择合适尺寸的切口，将导线放入该切口中，按下剥线钳的钳柄，即可将绝缘层割断，再次紧按手柄时，钳口分开加大，切口端将绝缘层与导线芯分离。图2-8为剥线钳的使用规范。

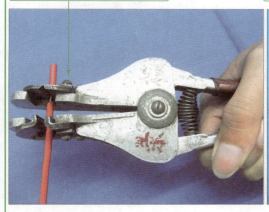
待放置在剥线钳钳口的导线调整好位置后，用手握紧手柄

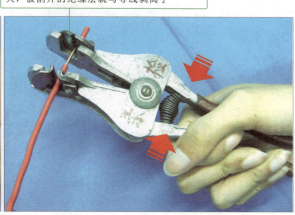
剥线钳钳口打开，随着钳口开角的增大，被割开的绝缘层就与导线剥离了

▶▶ 图2-8 剥线钳的使用规范

在使用剥线钳剥线时，选择与线径尺寸相同的切口后，将导线放置在剥线钳切口处，调整好位置后，按压剥线钳手柄，即可完成导线绝缘层的剥离操作。
当切口选择过小时，会导致导线芯与绝缘层一同割断，当切口选择过大时，会导致线芯与绝缘层无法剥离。

5 压线钳的特点和使用规范

压线钳在电工维修操作中主要是用于线缆与连接头的加工。压线钳根据压接的连接件的大小不同，内置的压接孔也有所不同，可根据压接孔直径的不同来区分。
图2-9为压线钳的实物外形。

压线钳压接连接件的大小不同，内置的压接孔也有所不同

不同直径的压接孔

压线钳

▶▶ 图2-9 压线钳的实物外形

在使用压线钳时，一般使用右手握住压线钳手柄，将需要连接的线缆和连接头插接后，放入压线钳合适的卡口中，向下按压即可，如图2-10所示。

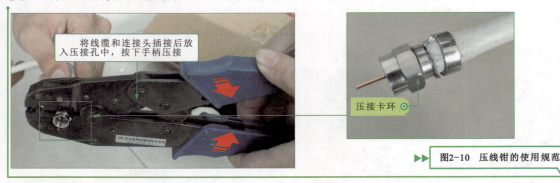

▶▶▶ 图2-10 压线钳的使用规范

6　网线钳的特点和使用规范

网线钳用于网线、电话线水晶头的加工。在网线钳的钳头部分有水晶头加工口，可根据水晶头的型号选择网线钳，在钳柄处也会附带刀口，便于切割网线。网线钳根据水晶头加工口的型号区分，一般分为RJ45接口的网线钳和RJ11接口的网线钳，也有一些网线钳将该两种接口全部包括。图2-11为网线钳的实物外形。

▶▶▶ 图2-11 网线钳的实物外形

在使用网线钳时，应先使用钳柄处的刀口对网线的绝缘层进行剥落，将网线按顺序插入水晶头中，然后将其放置于网线钳对应的水晶头接口中，用力向下按压网线钳钳柄，此钳头上的动片向上推动，即可将水晶头中的金属导体嵌入网线中。图2-12为网线钳的使用规范。

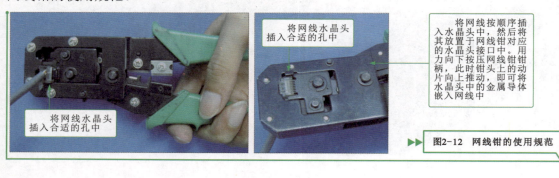

▶▶▶ 图2-12 网线钳的使用规范

2.1.2 扳手的种类、特点和使用规范

扳手常用于紧固和拆卸螺钉或螺母。扳手的柄部一端或两端带有夹柄，用于施加外力。在电工操作中，常使用的扳手有活扳手、呆扳手和梅花扳手等。图2-13为扳手的实物外形。

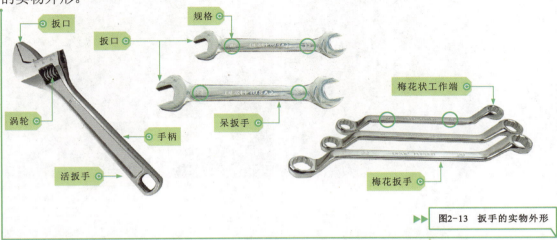

图2-13 扳手的实物外形

> 活扳手由扳口、涡轮和手柄等组成。推动涡轮时，即可调整、改变扳口的大小。活扳手也有尺寸之分，尺寸较小的活扳手可以用于狭小的空间，尺寸较大的活扳手可以用于较大的螺钉和螺母的拆卸和紧固。
> 呆扳手的两端通常带有开口的夹柄，夹柄的大小与扳口的大小成正比。呆扳手上带有尺寸的标识，呆扳手的尺寸与螺母的尺寸是相对应的。
> 梅花扳手的两端通常带有环形的六角孔或十二角孔的工作端，适用于工作空间狭小的环境下，使用较为灵敏。

在使用活扳手时，应当查看需要紧固和拆卸的螺母大小，然后将活扳手卡住螺母，然后使用大拇指调节涡轮，使其与螺母尺寸相符，再用手握住活扳手的手柄，进行转动。图2-14为活扳手的使用规范。

图2-14 活扳手的使用规范

> 在电工维修过程中，不可以使用无绝缘层的扳手带电操作，因为扳手本身的金属体导电性强，可能导致工作人员触电。

在使用呆扳手时，呆扳手只能用于与其卡口相对应的螺母，使用呆扳手夹柄夹住需要紧固或拆卸的螺母，然手握住手柄，与螺母成水平状态，转动呆扳手的手柄。

图2-15为呆扳手的使用规范。

呆扳手的夹柄与螺母相符

夹柄卡主螺母，转动手柄旋转

▶▶▶ 图2-15　呆扳手的使用规范

维修人员在使用呆扳手时，严禁将扳手垂直于螺母转动呆扳手手柄，会导致扳手无法拧动螺母，甚至会导致螺母损坏。

在使用梅花扳手时，也应当先查看螺母的尺寸，选择合适尺寸的梅花扳手。将梅花扳手的环孔套在螺母外，转动梅花扳手的手柄即可。图2-16为梅花扳手的使用规范。

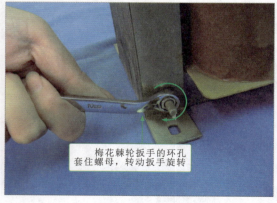

梅花棘轮扳手的环圈与螺母相符

梅花棘轮扳手的环孔套住螺母，转动扳手旋转

▶▶▶ 图2-16　梅花扳手的使用规范

2.1.3　螺钉旋具的种类、特点和使用规范

在电工维修操作中，螺钉旋具是用来紧固和拆卸螺钉的工具。螺钉旋具又称螺丝刀，俗称改锥，主要是由刀头与手柄构成的。常用的有一字槽螺钉旋具和十字槽螺钉旋具。图2-17为螺钉旋具的实物外形。

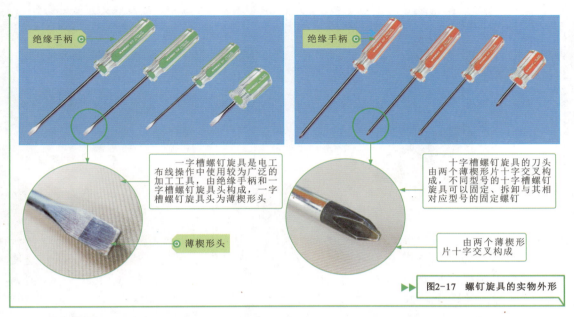

▶▶▶ 图2-17 螺钉旋具的实物外形

使用螺钉旋具时，应根据螺钉的规格选用不同类型的螺钉旋具。一般来说，电工不可使用金属杆直通柄顶的螺钉旋具，否则容易造成触电事故。使用时，将螺钉旋具头部放置在螺钉槽口中，用力推压螺钉并平稳旋转螺钉旋具。

图2-18为螺钉旋具的使用规范。

▶▶▶ 图2-18 螺钉旋具的使用规范

螺钉旋具的顶部应与螺钉尾部匹配，不可过大或过小。旋转螺钉时，也应注意用力均匀，斜度不可过大，否则容易打滑或导致螺钉滑丝。

2.1.4 电工刀的种类、特点和使用规范

在电工维修中，电工刀是用于剥削导线和切割物体的工具。电工刀是由刀柄与刀片两部分组成的。常见的电工刀主要有普通电工刀和多功能电工刀。图2-19为电工刀的实物外形。

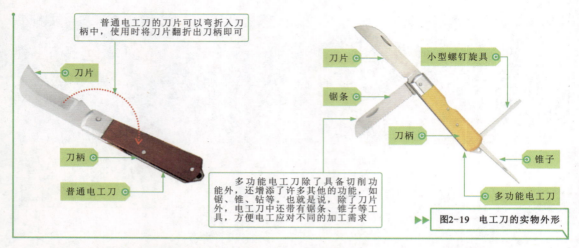

▶▶▶ 图2-19 电工刀的实物外形

使用电工刀剥削线缆的绝缘层时，应一只手握住电工刀的刀柄，将刀口朝外，使刀刃与线缆绝缘层成45°切入，切入绝缘层后，将刀刃略翘起一些（约25°），用力向线端推削，一定注意不要切削到线芯。图2-20为电工刀的使用规范。

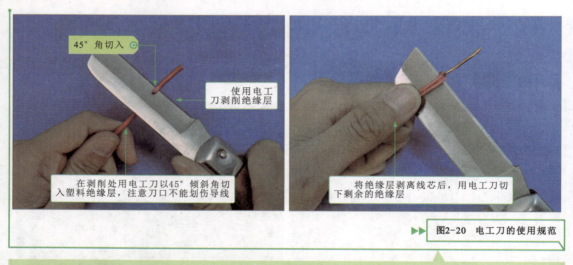

▶▶▶ 图2-20 电工刀的使用规范

电工刀使用完毕，随即将刀片折进刀柄中。另外需要注意的是，电工刀刀柄通常无绝缘保护性能，切不可在带电导线或器材上剥削，以免造成触电危险。

在剥削双芯导线的护套绝缘层时，可使用电工刀，对准两芯线的中间位置，将护套一剥为二，然后剥削绝缘层。去除塑料护套线缆的绝缘层时，应从该线缆的中间下刀，严禁从线缆的一侧下刀，否则会导致内部的线缆损伤，使该段线缆无法使用。图2-21为规范使用电工刀剥削线缆的方法。

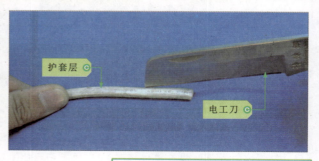

▶▶▶ 图2-21 规范使用电工刀剥削线缆的方法

2.1.5 开凿工具的种类、特点和使用规范

在电工安装与维修过程中，通常需要对墙面或地面开凿操作，此时则会用到一些开凿工具。常使用到的开凿工具有开槽机、电锤、冲击钻、锤子和凿子等。

1 开槽机的特点和使用规范

使用开槽机开凿墙面的线槽时，可以根据施工需求开凿出不同角度、不同深度的线槽，并且线槽的外观美观，开槽时可以将粉尘通过外接管路排出，减少了粉尘对操作人员的伤害。在开槽机的顶端有一个开口，用于连接粉尘排放管路，两个手柄便于稳定的操作，在底部有一个开槽轮与两个推动轮。图2-22为开槽机的实物外形。

图2-22 开槽机的实物外形

使用开槽机开凿墙面槽时，应当先检查开槽机的电线绝缘皮是否破损，再连接粉尘排放管路，双手握住开槽机的两个手柄，开机空载运转。确认开槽机正常后，再将开槽机放置于需要切割的墙面上，按下电源开关，使开槽机垂直墙面切入，向需要切割的方向推动开槽机。图2-23为开槽机的使用规范。

连接粉尘管路，双手握住开凿机手柄，将开槽机放置于需要切割的墙面上。按下电源开关，使开凿机垂直于墙面切入，向需要切割的方向推动开凿机

操作人员需要休息时，可关闭电源开关，使开槽机悬挂于墙面上

图2-23 开槽机的使用规范

2 电锤的特点和使用规范

电锤常用于在建筑混凝土板上钻孔,也可以用来开凿墙面。电锤是一种电动式旋转锤钻,电锤具有良好的减震系统,可精准进行调速,具有效率高、孔径大、钻孔深等特点。图2-24为电锤的实物外形。

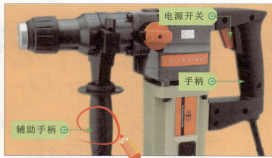

辅助手柄可根据操作者的习惯调整。

▶▶ 图2-24 电锤的实物外形

在使用电锤时,应先将电锤通电,让其空转一分钟,确定电锤可以正常使用后,双手分别握住电锤的两个手柄,将电锤垂直于墙面,按下电源开关,进行开凿工作。开凿工作结束后,应关闭电锤的电源开关。图2-25为电锤的使用规范。

在使用电锤时,双手不应过于用力,防止电锤工作时的余力伤到手腕;在开凿墙面时也不用过于着急,在确定开凿的深度后,分次使用电锤开凿,防止一次开凿过深。

▶▶ 图2-25 电锤的使用规范

3 冲击钻的特点和使用规范

冲击钻是依靠旋转和冲击工作的,是电工安装与维修中常用的电动工具之一,常用来对混凝土、墙壁、砖块等进行冲击打孔。冲击钻有两种功能:一种是开关调至标记为"钻"的位置,可作为普通电钻使用;另一种是当开关调至标记为"锤"的位置时,可用来在砖或混凝土建筑物上凿孔。图2-26为冲击钻的实物外形。

▶▶ 图2-26 冲击钻的实物外形

在使用冲击钻时,应根据需要开凿的孔的大小选择合适的钻头,并将其安装在冲击钻上,然后检查冲击钻的绝缘防护,再将其连接在额定电压的电源上,开机使其空载运行,检查正常后,将冲击钻垂直于需要凿孔的物体上,按下开关电源,当松开开关电源时,冲击钻也会随之停止,也可以通过锁定按钮使其可以一直工作,需要停止时,再次按下开关电源,锁定开关自动松开,冲击钻停止工作。图2-27为冲击钻的使用规范。

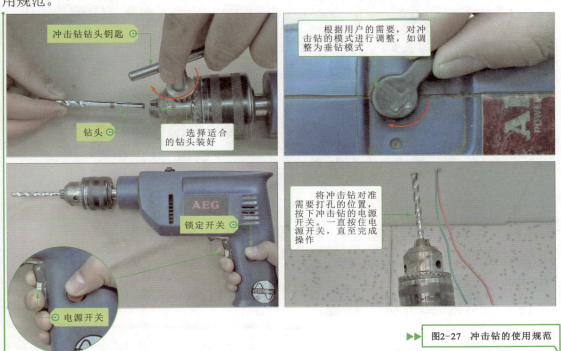

▶▶ 图2-27 冲击钻的使用规范

4 锤子和凿子的特点和使用规范

锤子是用来敲打物体的工具,经常与凿子结合使用,手动对墙面进行小面积的开凿。常使用的锤子可以分为两种:一种为两端相同的圆形锤子;还有一种一端平坦以便敲击,另一端的形状像羊角,可以将钉子拉出。凿子可分为大扁凿、小扁凿、圆榫凿和长凿等。大扁凿常用来凿打砖或木结构建筑物上较大的安装孔;小扁凿常用来凿制砖结构上较小的安装孔;圆榫凿常用来凿打混凝土建筑物的安装孔;长凿则主要用来凿打较厚的墙壁和打穿墙孔。图2-28为锤子和凿子的实物外形。

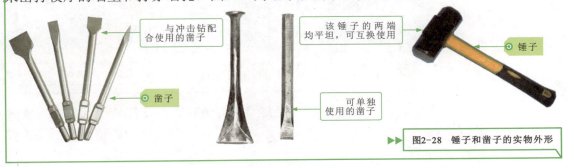

▶▶ 图2-28 锤子和凿子的实物外形

在使用锤子和凿子时可将两个工具配合使用，一只手持凿子，另一只手持锤子，让凿子与墙面有一定的倾斜角度，不应使凿子与墙面形成直角，然后使用锤子敲打凿子的尾端，不应用力过大，否则会震伤握凿子的手。图2-29为锤子和凿子的使用规范。凿子与冲击钻结合使用时，应在工作一段时间内间歇工作，防止凿子损坏。

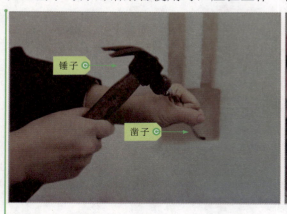
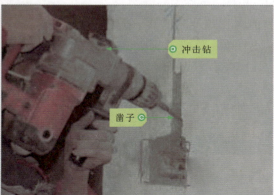

▶▶▶ 图2-29 锤子和凿子的使用规范

2.1.6 管路加工工具的种类、特点和使用规范

管路加工工具是用于对管路加工处理的工具。电工操作中，常会使用到切管器、弯管器和热熔器等。

1 切管器的特点和使用规范

切管器是管路切割的工具，比较常见的有旋转式切管器和手握式切管器，多用于切割敷设导线的PVC管路。旋转式切管器可以调节切口的大小，适用于切割较细管路；手握式切管器适合切除较粗的管路。图2-30为切管器的实物外形。

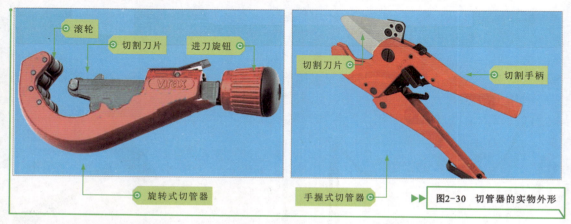

▶▶▶ 图2-30 切管器的实物外形

使用旋转式切管器时，应将管路加在切割刀片与滚轮之间，旋转进刀旋钮使刀片夹紧管路，垂直顺时针旋转切管器，直至管路切断即可。图2-31为旋转式切管器的使用规范。

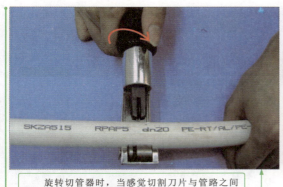

旋转切管器时,当感觉切割刀片与管路之间有间隙时,应再次旋转进刀旋钮,使切割刀片夹紧管路,然后再旋转切管器,直至管路断开

▶▶ 图2-31 旋转式切管器的使用规范

使用手握式切管器时,将需要切割的管路放置到切管器的管口中,调节至管路需要切割的位置,调节位置时,应确保管路水平或垂直,然后多次按压切管器的手柄,直至管路切断。图2-32为手握式切管器的使用规范。

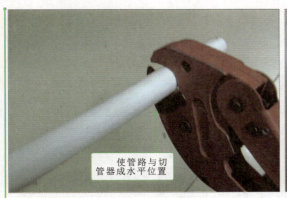
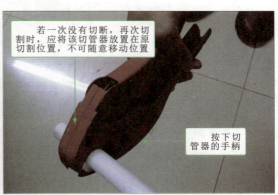

使管路与切管器成水平位置

若一次没有切断,再次切割时,应将该切管器放置在原切割位置,不可随意移动位置

按下切管器的手柄

▶▶ 图2-32 手握式切管器的使用规范

2 弯管器的特点和使用规范

弯管器主要用来弯曲PVC管与钢管等。弯管器通常可以分为普通弯管器、滑轮弯管器和电动弯管器等。目前,在电工安装与维修中应用较多的为普通型弯管器。

图2-33为弯管器的实物外形。

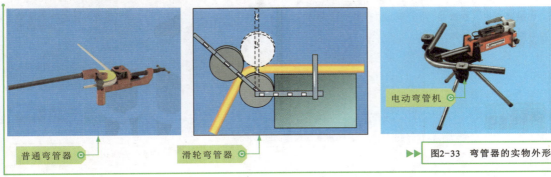

普通弯管器　　滑轮弯管器　　电动弯管机

▶▶ 图2-33 弯管器的实物外形

使用弯管器时，将需要弯曲的管路放到普通弯管器的弯头中。对准需要弯曲的地方后向下压手柄，使管路弯曲成一定的角度。图2-34为弯管器的使用规范。

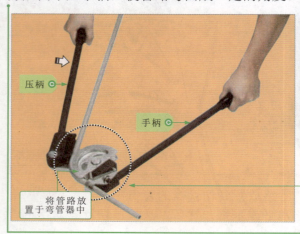

一只手握住弯管器的手柄，另一只手握住弯管器的压柄，向内用力弯压。在弯管器上带有角度标识，得到需要的角度后，松开压柄，即可将加工后的管路取出

▶▶▶ 图2-34 弯管器的使用规范

3 热熔器的特点和使用规范

管路加工时，常常会使用热熔器对敷设的管路进行加工或连接。热熔器可以通过接头对管路加热，使两个管路连接。热熔器由主体和各种大小不同的接头组成，可以根据需要连接管路直径的不同，选择合适的接头。图2-35为热熔器的实物外形。

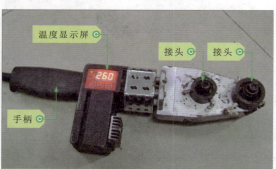

▶▶▶ 图2-35 热熔器的实物外形

使用热熔器时，首先将热熔器垂直放在支架上，达到预先设定的温度后，再将需要连接的两根管路分别安装到热熔器的两端。当闻到塑胶味时，切断热熔器的电源，并将两根管路拿起对接在一起，对接时需要用力插接，并保持一段时间。图2-36为热熔器的使用规范。

首先为需要连接的管路加热，可通过显示屏观察当前的温度

将两个需要连接的管路对接在一起

▶▶▶ 图2-36 热熔器的使用规范

2.2 常用焊接工具的使用规范

2.2.1 气焊设备的特点和使用规范

气焊是利用可燃气体与助燃气体混合燃烧生成的火焰作为热源,将金属管路焊接在一起。气焊设备是指对管路进行焊接操作的专用设备。图2-37为气焊设备的实物外形。

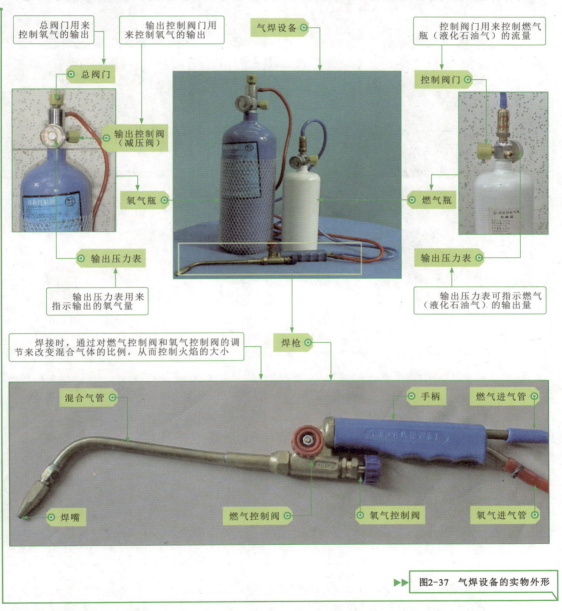

▶▶ 图2-37 气焊设备的实物外形

气焊设备的操作有严格的规范和操作顺序要求。气焊设备的焊接操作可分为打开钢瓶阀门、打开焊枪阀门并点燃、调节火焰、焊接、关闭阀门等几个步骤。图2-38为气焊设备的使用规范。

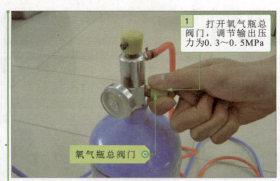
1 打开氧气瓶总阀门，调节输出压力为0.3～0.5MPa
氧气瓶总阀门

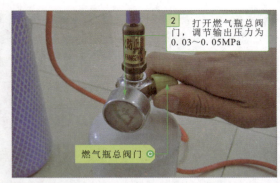
2 打开燃气瓶总阀门，调节输出压力为0.03～0.05MPa
燃气瓶总阀门

燃气阀门
3 打开燃气阀门

4 使用明火点燃焊枪嘴

氧气阀门
5 打开氧气阀门

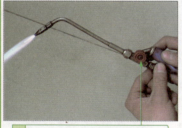
6 将焊枪的火焰调整到中性焰。中性焰的火焰不要离开焊枪嘴，也不要出现回火现象

焊枪
7 将焊枪对准管路的焊口均匀加热时，需将管路加热到一定程度，呈暗红色

焊条
8 将焊条放到焊口处，待焊条熔化并均匀地包围在两根管路的焊接处时即可将焊条取下

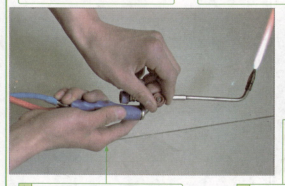
9 焊接完成后，先关闭焊枪的燃气调节阀门，再关闭氧气调节阀门

10 待焊枪都关闭后，再将氧气瓶和燃气瓶的总阀门关闭

图2-38 气焊设备的使用规范

中性焰焰长20～30cm，外焰呈桔红色，内焰呈蓝紫色，焰芯呈白亮色，内焰温度最高，焊接时应将管路置于内焰附近。当氧气与燃气的输出比小于1∶1时，焊枪火焰会变为碳化焰；当氧气与燃气的输出比大于1∶2时，焊枪火焰会变为氧化焰。当氧气控制旋钮开得过大时，焊枪会出现回火现象；若燃气控制旋钮开得过大，会出现火焰离开焊嘴的现象。调整火焰时，不要用这些火焰焊接管路，这会对焊接质量造成影响，如图2-39所示。

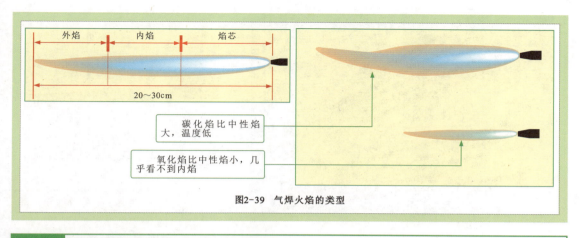

图2-39　气焊火焰的类型

2.2.2 电焊设备的特点和使用规范

电焊是利用电能,通过加热加压,借助金属原子的结合与扩散作用,使两件或两件以上的焊件(材料)牢固地连接在一起的操作工艺。在使用电焊设备前,应首先了解电焊设备的主要组成部件,即电焊机、电焊钳、电焊条。图2-40为电焊设备的实物外形。

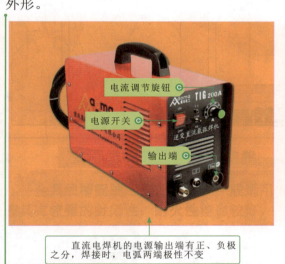

直流电焊机的电源输出端有正、负极之分,焊接时,电弧两端极性不变

交流电焊机的电源是一种特殊的降压变压器,具有结构简单、噪声小、价格便宜、使用可靠、维护方便等优点

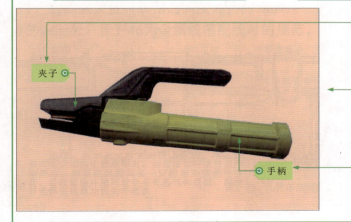

夹子采用铸造铜制作而成,主要用来夹持或是操纵电焊条

电焊钳需要结合电焊机同时使用,主要用来夹持电焊条,在焊接操作时,用于传导焊接电流,其外形像一个钳子

手柄通常采用塑料或陶瓷制作,具有防电击保护、耐高温、耐焊接飞溅及耐跌落等多重保护功能

▶▶▶ 图2-40　电焊设备的实物外形

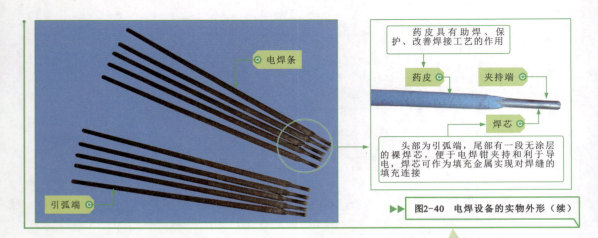

图2-40 电焊设备的实物外形（续）

直流电焊机输出电流分正、负极。其连接方式分为直流正接和直流反接。直流正接是将焊件接到电源正极，焊条接到负极；直流反接则相反。直流正接适合焊接厚焊件，直流反接适合焊接薄焊件。交流电焊机输出无极性之分，可随意搭接，如图2-41所示。

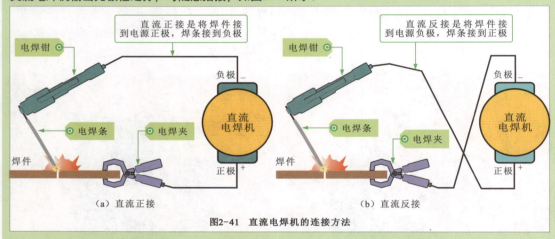

图2-41 直流电焊机的连接方法

图2-42为电焊设备的使用规范。

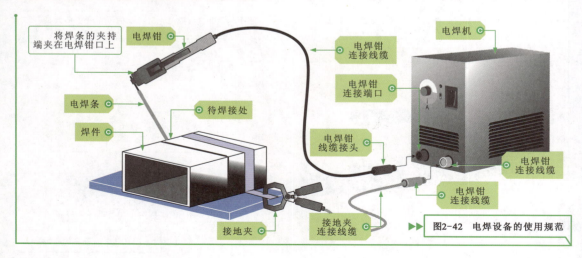

图2-42 电焊设备的使用规范

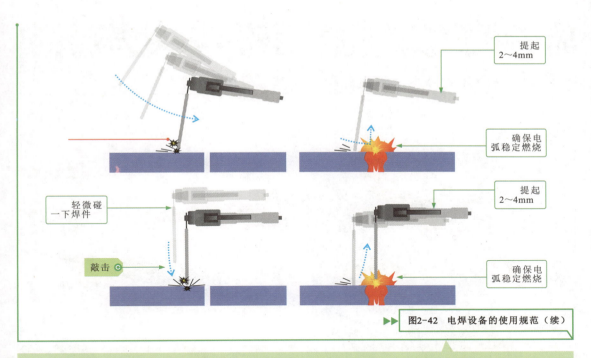

▶▶▶ 图2-42 电焊设备的使用规范（续）

电焊操作要严格按照规范，并特别注意焊接作业环境，否则极易发生事故。图2-43为电焊设备的使用环境。

在施焊操作周围10m范围内不应有易燃、易爆物，并且保证电焊机放置在清洁、干燥的地方，焊接区域内要配置灭火器

焊接不能在狭小、潮湿的范围内进行，且特别注意在焊接作业周围不能存放易燃易爆物品，否则极易发生火灾和爆炸等事故

图2-43 电焊设备的使用环境

随着技术的发展，有些电焊机将直流和交流集合于一体，通常该类电焊机的功能旋钮相对较多，根据不同的需求可以调节相应的功能。图2-44为直流和交流集合一体的电焊机。

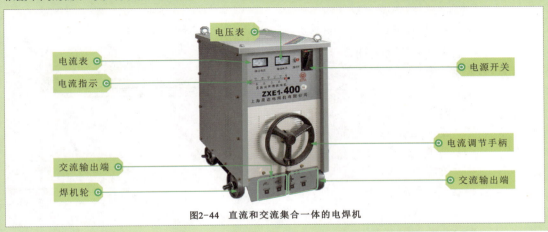

图2-44 直流和交流集合一体的电焊机

2.3 常用检测仪表的使用规范

2.3.1 验电器的种类、特点和使用规范

验电器是用于检测导线和电气设备是否带电的检测工具。在电工操作中，验电器可分为高压验电器和低压验电器两种。图2-45为验电器的实物外形。

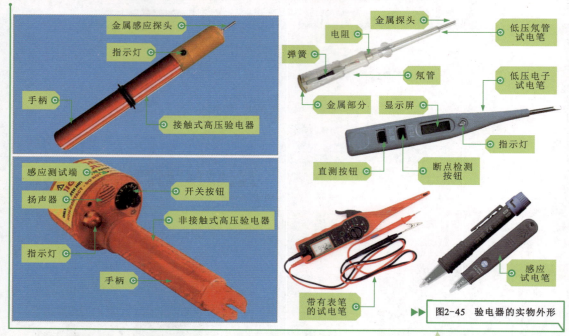

图2-45 验电器的实物外形

高压验电器多用于检测500V以上的高压。高压验电器还可以分为接触式高压验电器和非接触式高压验电器。接触式高压验电器由手柄、金属感应探头、指示灯等构成；感应式高压验电器由手柄、感应测试端、开关按钮、指示灯或扬声器等构成。

低压验电器多用于检测12～500 V低压，外形较小，多设计为螺丝刀形或钢笔形。根据工作特点的不同，可分为低压氖管验电器和低压电子验电器。低压氖管验电器由金属探头、电阻、氖管、尾部金属部分及弹簧等构成；低压电子验电器由金属探头、指示灯、显示屏、按钮等构成。

高压验电器的手柄长度不够时，可以使用绝缘物体延长手柄，应当使用佩戴绝缘手套的手去握住高压验电器的手柄，不可以将手越过护环，再将高压验电器的金属探头接触待测高压线缆，或使用感应部位靠近高压线缆，高压验电器上的蜂鸣器发出报警声，证明该高压线缆正常。

图2-46为高压验电器的使用规范。

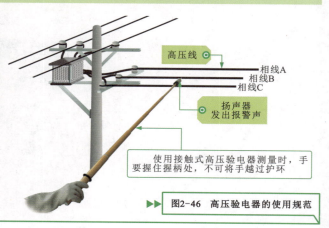

图2-46 高压验电器的使用规范

使用低压氖管验电器时，应使用一只手握住低压氖管验电器，食指按住尾部的金属部分，将其插入220V电源插座的相线孔中，正常时，可以看到低压氖管验电器中的氖管发亮光，证明该电源插座带电。

使用低压电子验电器时，按住"直测按钮"，将验电器插入相线孔时，低压电子验电器的显示屏上即会显示出测量的电压，指示灯亮。当插入零线孔时，低压电子验电器的显示屏上无电压显示，指示灯不亮。图2-47为低压验电器的使用规范。

▶▶▶ 图2-47 低压验电器的使用规范

2.3.2 万用表的种类、特点和使用规范

万用表是用来检测直流电流、交流电流、直流电压、交流电压及电阻值的检测工具，在电工安装维修操作中，有指针万用表和数字万用表两种。图2-48为万用表的实物外形。

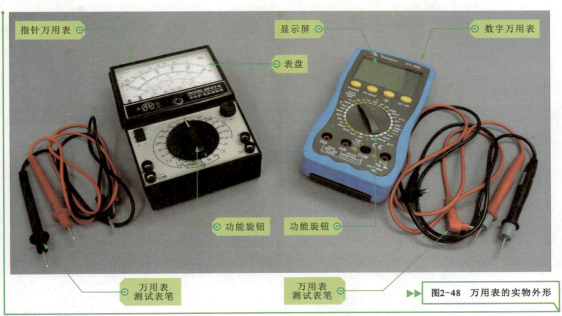

▶▶▶ 图2-48 万用表的实物外形

使用指针万用表时，需要先连接好表笔，然后根据需要测量的类型调整功能旋钮和量程，检测电阻值时，还需要欧姆调整操作，最后搭接表笔，读取测量值。

图2-49为指针万用表的使用规范。

1 将红、黑表笔分别插到万用表的正极性"＋"和负极性"－"插孔中

2 使用螺丝刀微调表头校正钮，使指针指向左侧"0"刻度位

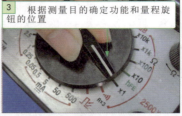

3 根据测量目的确定功能和量程旋钮的位置

4 选择好挡位及量程后，将万用表的红、黑两表笔短接，同时调整调零旋钮，直至使指针万用表的指针指在0Ω的刻度位置

5 将指针万用表的红、黑表笔分别搭在待测电动机绕组引出线两端，根据万用表指针在表盘上的指示位置识读出当前的测量结果

▶▶ 图2-49 指针万用表的使用规范

根据指针指示识读测量结果：测量参数值为电阻值，应选择电阻刻度读数，即选择最上一行的刻度线，从右向左开始读数，数值为"4"，结合万用表量程旋钮位置，实测结果为4×1=4Ω。在使用指针万用表检测时，所测参数为电阻值，除了读取表盘数值外，还要结合量程旋钮位置。若量程旋钮置于"×10"欧姆挡，实测时指针指示数值为"5.6"，则实际结果为5.6×10=56Ω；若量程旋钮置于"×100"欧姆挡，则实际结果为5.6×100=560Ω，依次类推。

使用数字万用表时，应先连接好表笔，然后打开电源，根据需要测量的类型调整功能旋钮和量程，最后搭接表笔，读取测量值。图2-50为数字万用表的使用规范。

1 将黑表笔插头插入COM公共接地插孔（黑色）中，根据测试需要，将红表笔插头插入电阻检测插孔（红色）中

2 打开电源开关，万用表工作，显示屏显示出测量单位（如Ω、V等）或测量功能（如AC、DC、hFE等）

▶▶ 图2-50 数字万用表的使用规范

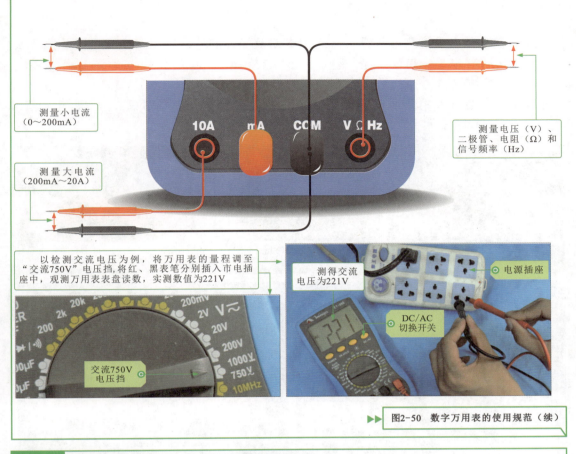

图2-50 数字万用表的使用规范（续）

2.3.3 兆欧表的种类、特点和使用规范

兆欧表也可以称为绝缘电阻表，可分为数字兆欧表和指针兆欧表。指针兆欧表由刻度盘、指针、接线端子（E接地接线端子、L火线接线端子）、铭牌、手动摇杆、使用说明、红测试线及黑测试线等组件构成。数字兆欧表由数字显示屏、测试线连接插孔、背光灯开关、时间设置按钮、测量旋钮、量程调节开关等构成。图2-51为兆欧表的实物外形。

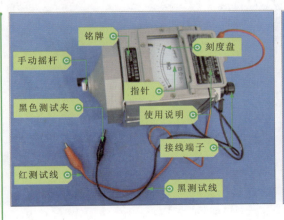
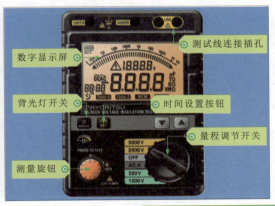

图2-51 兆欧表的实物外形

兆欧表主要用于检测电气设备、家用电器及线缆的绝缘电阻或高值电阻。兆欧表可以测量所有导电型、抗静电型及静电泄放型材料的阻抗或电阻，是一种操作简单、功能强大的检测仪表。

使用兆欧表测量绝缘电阻的方法相对比较简单，连接好测试线，将测试线端头的鳄鱼夹夹在待测设备上即可。图2-52为兆欧表的使用规范。

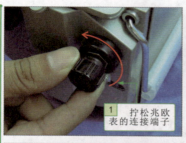
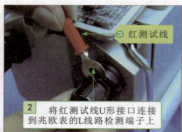

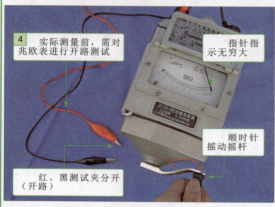
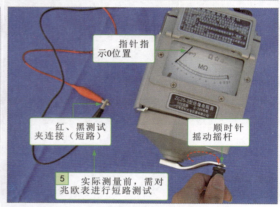

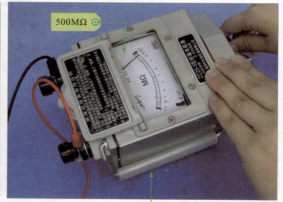

▶▶▶ 图2-52 兆欧表的使用规范

使用兆欧表测量时，要保持兆欧表的稳定，避免兆欧表在摇动摇杆时晃动，转动摇杆手柄时应由慢至快。若发现指针指向零时，应立刻停止摇动摇杆手柄，以免兆欧表损坏。另外，在测量过程中，严禁用手触碰测试端，以免发生触电危险。

2.3.4 钳形表的种类、特点和使用规范

钳形表是一种操作简单、功能强大的检测仪表，主要用于检测交流线路中的电流，使用钳形表检测电流时不需要断开电路，可以通过电磁感应的方式对电流进行测量。钳形表主要由钳头、钳头扳机、锁定开关、功能旋钮、显示屏、表笔插孔及红、黑表笔等构成。图2-53为钳形表的实物外形。

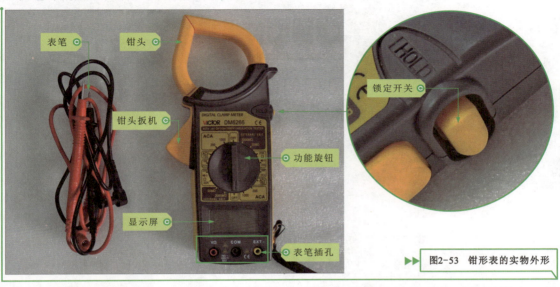

▶▶▶ 图2-53 钳形表的实物外形

使用钳形表检测时，应先通过功能旋钮调整测量类型及量程，然后打开钳头，并套进所测的线路中，最后读取显示屏上的所测数值。图2-54为钳形表的使用规范。

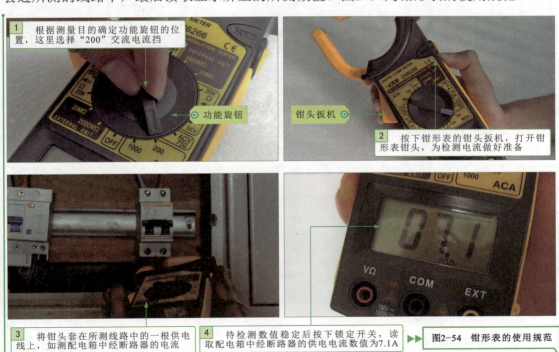

1 根据测量目的确定功能旋钮的位置，这里选择"200"交流电流挡

2 按下钳形表的钳头扳机，打开钳形表钳头，为检测电流做好准备

3 将钳头套在所测线路中的一根供电线上，如测配电箱中经断路器的电流

4 待检测数值稳定后按下锁定开关，读取配电箱中经断路器的供电电流数值为7.1A

▶▶▶ 图2-54 钳形表的使用规范

2.3.5 场强仪的种类、特点和使用规范

场强仪是一种测量电场强度的仪器，主要用于测量卫星及广播电视系统中各频道的电视信号、电平、图像载波电平、伴音载波电平、载噪比、交流声（哼声干扰HUM）、频道和频段的频率响应、图像/伴音比等。图2-55为场强仪的实物外形。

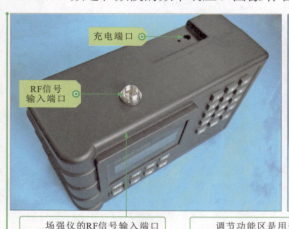
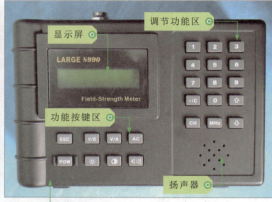

场强仪的RF信号输入端口通常位于场强仪的顶部，用来连接有线线缆

调节功能区是用来输入或调解工作状态的；功能按键区主要是用来对场强仪的功能进行调节

▶▶▶ 图2-55 场强仪的实物外形

使用场强仪时，应先连接被测的线缆（有线电视线缆），接着按下电源开关，输入频道，查看电平值是否正常。图2-56为场强仪的使用规范。

1 将有线电视入户线的输入接头从有线电视分配器入口端处拔下，对其进行检测

2 将有线电视入户线插接到场强仪顶部RF信号输入端口上

3 按下电源开关，开启场强仪，使其进入工作状态

4 检测时，室内光线比较暗的话，可按下功能按键区的"背光键"，打开背光灯进行操作

5 按数字键输入需要检测的频道，如输入023，然后按下频道键，进行确认

6 一般正常电平值为65～80 dB，所测"023"频道图像载频信号的电平值为74.3 dB，表明正常

▶▶▶ 图2-56 场强仪的使用规范

2.3.6 万能电桥的特点和使用规范

万能电桥是应用比较广泛的电磁测量仪表，主要用来检测电容量、电感量和电阻值，多用于对一些元器件性能的检测。图2-57为万能电桥的实物外形。

图2-57 万能电桥的实物外形

使用万能电桥检测时，应根据被测对象调整万能电桥的量程等，然后根据所测的结果判断被测器件是否正常。使用万能电桥检测电容器时，先观察电容器的电容量及引脚标识等，区分电容器的正极引脚和负极引脚，然后根据电容量调整电容器的量程，待测电容器标称的电容量为"470μF"，应将万用电桥的量程选择旋钮调至1000μF，再将量程选择旋钮调至C处，然后将损耗倍率旋钮调至DX0.1，并将电容器的两个引脚与万用电桥的接线柱连接，最后读取测得数值。图2-58为万能电桥的使用规范。

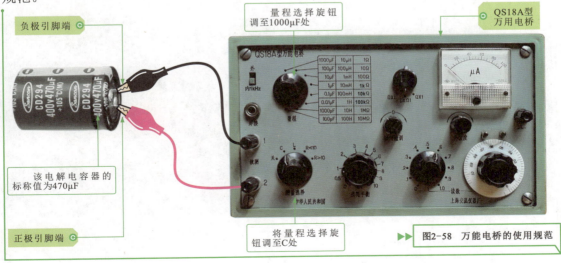

图2-58 万能电桥的使用规范

2.4 辅助工具的使用规范

2.4.1 攀爬工具的种类、特点和使用规范

在电工操作中，常用的攀爬工具有梯子、登高踏板组件、脚扣等。图2-59为攀爬工具的实物外形。

在电工安装与维修过程中，常用的梯子有直梯和人字梯两种。直梯多用于户外攀高作业。人字梯则常用于户内作业。

登高踏板组件主要包括踏板、踏板绳和挂钩，主要用于电杆的攀爬作业中。

脚扣是电工攀电杆所用的专用工具，主要由弧形扣环和脚套组成。常用的脚扣有木杆脚扣和水泥杆脚扣两种。

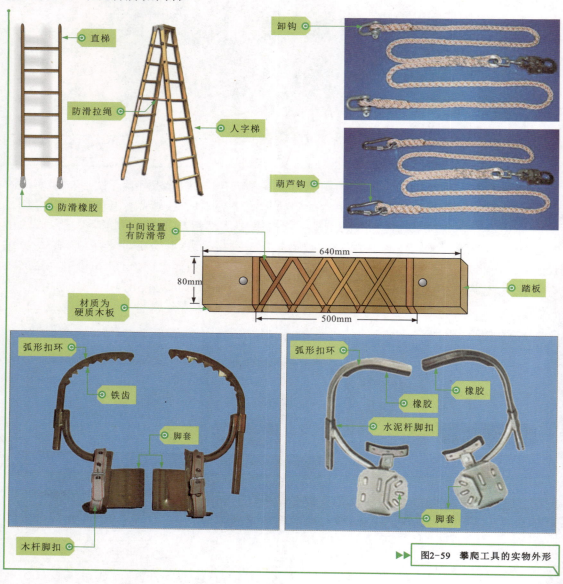

▶▶▶ 图2-59 攀爬工具的实物外形

在使用直梯作业时，对站姿是有要求的，一只脚要从另一只脚所站梯步高两步的梯空中穿过；使用人字梯作业时，不允许站立在人字梯最上面的两挡，不允许骑马式作业，以防滑开摔伤。图2-60为梯子的使用规范。

▶▶▶ 图2-60　梯子的使用规范

电工在使用踏板前，先仔细检查登高踏板组件是否符合作业需求。在使用挂钩时要特别注意方法，必须采用正钩方式，即钩口朝上。图2-61为踏板的使用规范。

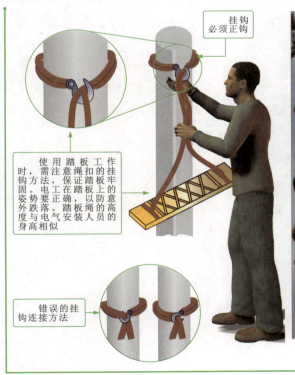

▶▶▶ 图2-61　踏板的使用规范

电工人员使用脚扣攀高时,应注意使用前的检查工作,即对脚扣也要做人体冲击试验,同时检查脚扣皮带是否牢固可靠,是否磨损或被腐蚀等。使用时,要根据电杆的规格选择合适的脚扣,使用脚扣的每一步都要保证扣环完整套入,扣牢电杆后方能移动身体的着力点。图2-62为脚扣的使用规范。

图2-62 脚扣的使用规范

2.4.2 防护工具的种类、特点和使用规范

在电工作业时,防护工具是必不可少的。防护工具根据功能和使用特点大致可分为头部防护设备、眼部防护设备、口鼻防护设备、面部防护设备、身体防护设备、手部防护设备、足部防护设备及辅助安全设备等。图2-63为防护工具的实物外形。

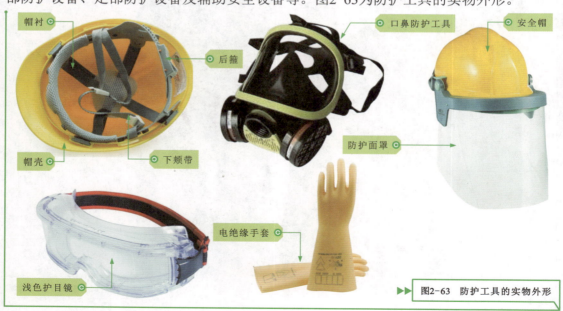

图2-63 防护工具的实物外形

头部防护设备主要是安全帽，在进行家装电工作业时需佩戴安全帽，用于保护头部的安全。安全帽主要由帽壳、帽衬、下颊带及后箍组成。帽壳通常呈半球形，坚固、光滑，并且有一定的弹性，用于防止外力的冲击。

眼部防护装备主要用于保护操作人员眼部的安全。护目镜是最典型且最常用的眼部防护装备，操作人员在进行加工作业时，可以佩戴护目镜，用来防止碎屑粉尘飞入眼中，从而起到防护的作用。

呼吸防护设备主要用于粉尘污染严重、有化学气体等环境。呼吸防护设备可以有效地对操作人员的口鼻进行防护，避免气体污染对人员造成的损伤。

手部防护装备是指保护手和手臂的防护用品，主要有普通电工操作手套、电工绝缘手套、焊接用手套、耐温防火手套及各类袖套等。

脚部防护装备主要用于保护操作人员免受各种伤害，主要有保护足趾安全鞋（靴）、电绝缘鞋、防穿刺鞋、耐酸碱胶靴、防静电鞋、耐高温鞋、耐油鞋等。

防护工具是用来防护人身安全的重要工具，在使用前，应首先对防护工具进行检查，并了解防护工具的安全使用规范。图2-64为防护工具的使用规范。

加工作业时佩戴护目镜，可防止碎屑粉尘飞入眼中。除此之外，高空作业佩戴护目镜可防止眼睛被眩光灼伤

在进行电工作业时，必须佩戴安全帽，保证操作人员的安全

电绝缘手套可以在电工操作中提供有效的安全作业保护

脚部防护设备

通常，对于灰尘较大的检修场所，电工检修人员佩戴防尘口罩即可。如果检修环境粉尘污染严重，则需要佩戴具备一定防毒功能的呼吸器。若检修的环境可能会有有害气体泄漏，则最好选择有供氧功能的呼吸机。

▶▶▶ 图2-64 防护工具的使用规范

2.4.3 其他辅助工具的种类、特点和使用规范

除了以上常用的攀爬工具和防护工具，常用的工具还有电工工具夹、安全绳、安全带等。图2-65为其他辅助工具的实物外形。

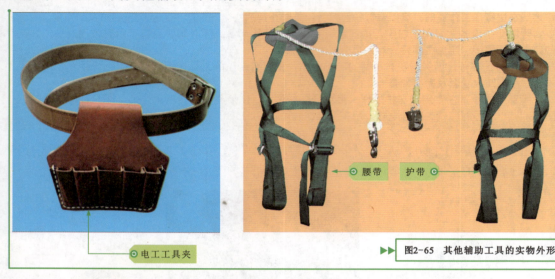

▶▶ 图2-65 其他辅助工具的实物外形

电工工具夹应系在腰间，并根据工具夹上不同的钳套放置不同的工具；安全带要扣在不低于作业者所处水平位置的可靠处，最好系在胯部，提高支撑力，不能扣在作业者的下方位置，以防止坠落时加大冲击力，使作业者受伤。图2-66为其他辅助工具的使用规范。

▶▶ 图2-66 其他辅助工具的使用规范

安全带的腰带是用来系挂保险绳、腰带和围杆带的。保险绳的直径不小于13mm。三点式腰部安全带应尽可能系低一些，最好系在胯部。在基准面2m以上高处作业必须系安全带。要经常检查安全带缝制部位和挂钩部分，发现断裂或磨损，要及时修理或更换。

第3章 线路加工与电气设备的安装

3.1 线缆的剥线加工

在电工涉及的各个领域中，线缆的加工是必不可少的。线缆绝缘层的剥削是线缆加工的第一步。剥削绝缘层的方法要正确，如果方法不当或操作失误，很容易在操作过程中损伤芯线。

线缆的材料不同，线缆加工的方法也有所不同。下面以塑料硬导线、塑料软导线、塑料护套线及漆包线等为例介绍具体的操作方法。

3.1.1 塑料硬导线的剥线加工

塑料硬导线的剥线加工通常使用钢丝钳、剥线钳、斜口钳或电工刀进行操作，不同的操作工具，具体的剥线方法也有所不同。

1 使用钢丝钳剥削导线

使用钢丝钳剥削塑料硬导线的绝缘层是电工操作中常使用的方法，应使用左手捏住线缆，在需要剥离绝缘层处，用钢丝钳的钳刀口钳住绝缘层轻轻旋转一周，然后用钢丝钳钳头钳住要去掉的绝缘层即可，如图3-1所示。

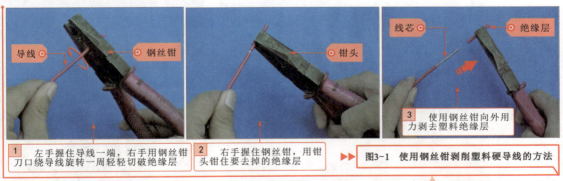

图3-1 使用钢丝钳剥削塑料硬导线的方法

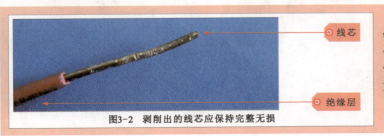

图3-2 剥削出的线芯应保持完整无损

在剥去绝缘层时，不可在钢丝钳刀口处加剪切力，否则会切伤线芯。剥削出的线芯应保持完整无损，如有损伤，应重新剥削，如图3-2所示。

2 使用剥线钳剥削导线

剥线钳剥削导线是较为便捷的一种方法，具体操作方法如图3-3所示。

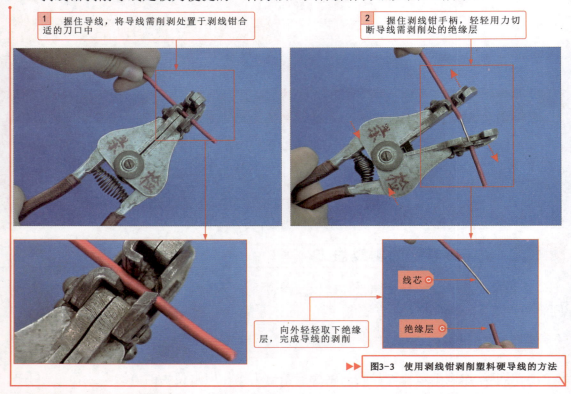

▶▶ 图3-3 使用剥线钳剥削塑料硬导线的方法

3 使用电工刀剥削导线

电工刀剥削的导线横截面积一般在4mm²以上，具体操作方法如图3-4所示。

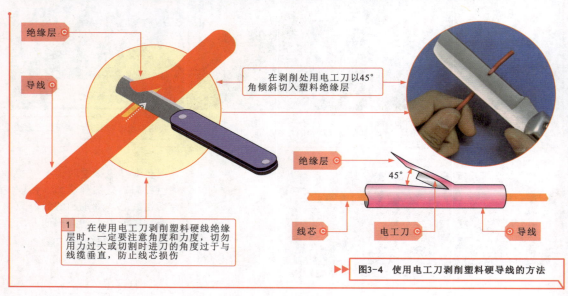

▶▶ 图3-4 使用电工刀剥削塑料硬导线的方法

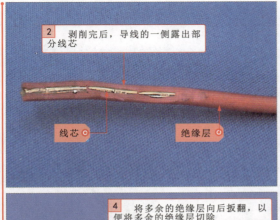
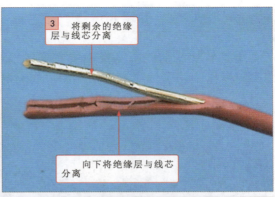
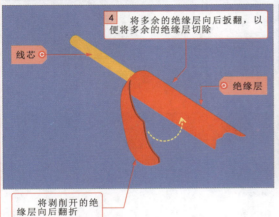
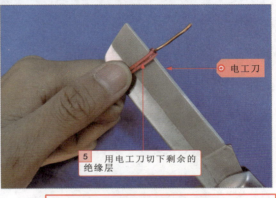

图3-4 使用电工刀剥削塑料硬导线的方法（续）

通过以上的学习可知，横截面积为4mm²及以下塑料硬导线的绝缘层一般用剥线钳、钢丝钳或斜口钳剥削；横截面积为4mm²及以上的塑料硬导线通常用电工刀或剥线钳剥削。在剥削导线的绝缘层时，一定不能损伤线芯，并且根据实际需要，决定剥削导线线头的长度，如图3-5所示。

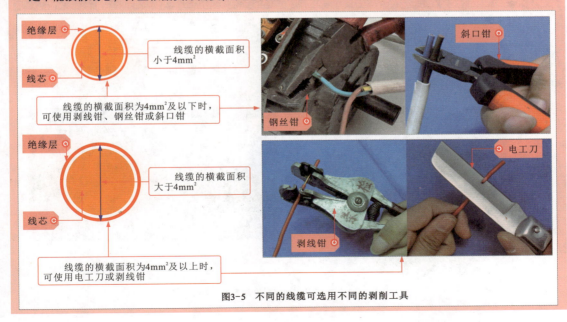

图3-5 不同的线缆可选用不同的剥削工具

3.1.2 塑料软导线的剥线加工

塑料软导线的线芯多是由多股铜（铝）丝组成的，不适宜用电工刀剥削绝缘层，在实际操作中，多使用剥线钳和斜口钳剥削，具体操作方法如图3-6所示。

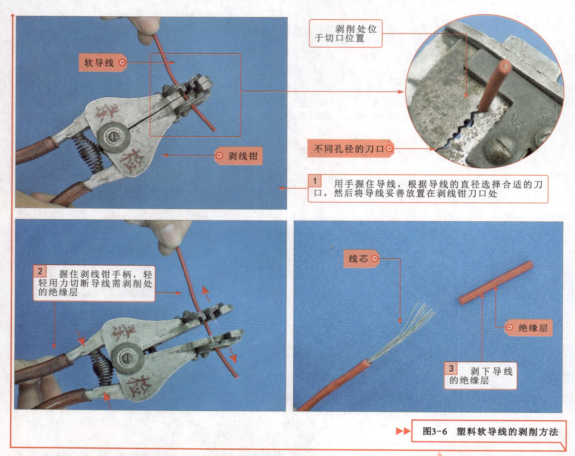

图3-6 塑料软导线的剥削方法

在使用剥线钳剥离软导线绝缘层的时候，切不可选择小于剥离线缆的刀口，否则会导致软导线多根线芯与绝缘层一同被剥落，如图3-7所示。

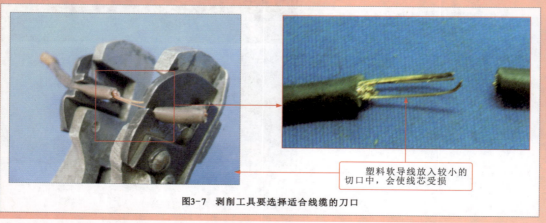

图3-7 剥削工具要选择适合线缆的刀口

3.1.3 塑料护套线的剥线加工

塑料护套线是将两根带有绝缘层的导线用护套层包裹在一起，因此，剥削时要先剥削护套层，再分别剥削里面两根导线的绝缘层，具体操作方法如图3-8所示。

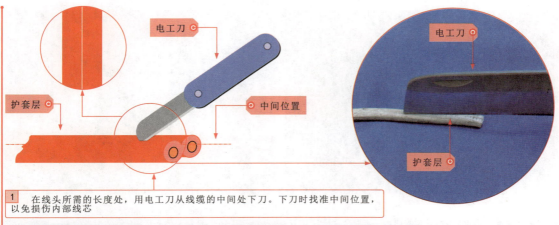

1 在线头所需的长度处，用电工刀从线缆的中间处下刀。下刀时找准中间位置，以免损伤内部线芯

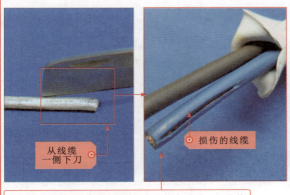

在使用电工刀剥削塑料护套线护套层时，切忌从线缆的一侧下刀，否则会导致内部的线缆损坏

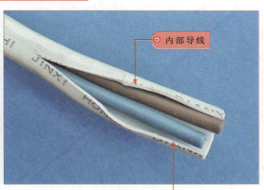

2 用电工刀的刀尖在导线缝隙处划开护套层

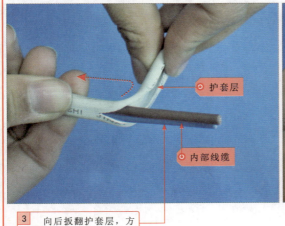

3 向后扳翻护套层，方便切割

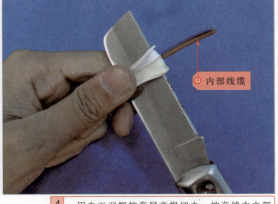

4 用电工刀把护套层齐根切去。护套线中内部线缆的剥削与塑料硬导线的剥线方法相同

▶▶ 图3-8 塑料护套线的剥削方法

3.1.4 漆包线的剥线加工

漆包线的绝缘层是将绝缘漆喷涂在线缆上。加工漆包线时，应根据线缆的直径选择合适的加工工具，具体操作方法如图3-9所示。

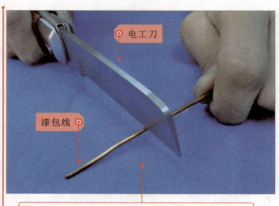

直径在0.6mm以上的漆包线可以使用电工刀去除绝缘漆。用电工刀轻轻刮去漆包线上的绝缘漆直至漆层剥落干净

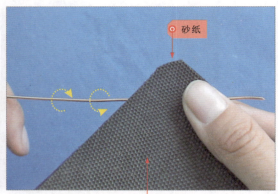

直径在0.15～0.6mm的漆包线通常使用细砂纸或布去除绝缘漆。用细砂纸夹住漆包线，旋转线头，去除绝缘漆

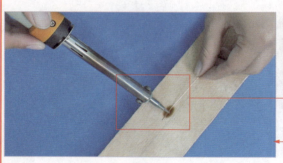

将电烙铁加热并沾锡后在线头上来回摩擦几次去除绝缘漆，同时线头上会有一层焊锡，便于后面的连接操作

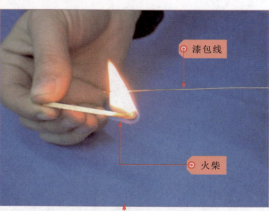

在没有电烙铁的情况下，可用火剥落绝缘层。用微火将漆包线线头加热，漆层加热软化后，用软布擦拭即可

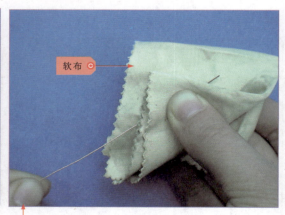

该方法通常是应用于直径在0.15mm以下的漆包线，这类线缆线芯较细，使用刀片或砂纸容易将线芯折断或损伤

▶▶▶ 图3-9 漆包线的剥削方法

3.2 线缆的连接

在去除了导线线头的绝缘层后，就可进行线缆的连接操作了。下面安排了4个连接操作环节，分别是线缆的缠绕连接、线缆的绞接连接、线缆的扭绞连接、线缆的绕接连接。

3.2.1 线缆的缠绕连接

线缆的缠绕连接包括单股导线的缠绕式对接、单股导线缠绕式T形连接、两根多股导线缠绕式对接、两根多股导线缠绕式T形连接。

1 单股导线的缠绕式对接

当连接两根较粗的单股导线时，通常选择缠绕式对接方法，如图3-10所示。

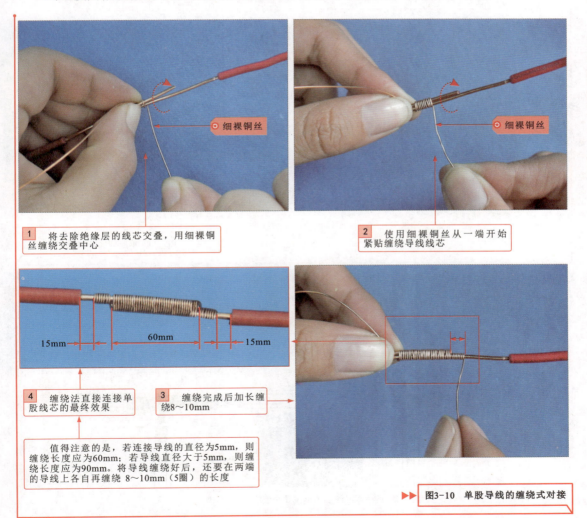

▶▶ 图3-10 单股导线的缠绕式对接

2 单股导线的缠绕式T形连接

当连接一根支路和一根主路单股导线时，通常采用缠绕式T形连接，如图3-11所示。

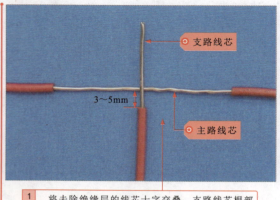

1. 将去除绝缘层的线芯十字交叠，支路线芯根部留出3～5mm裸线

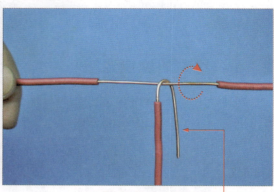

2. 将支路线芯紧贴主路线芯开始密绕

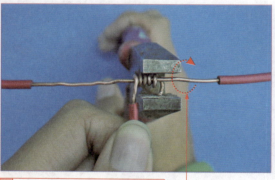

3. 密绕6～8mm圈后，使用钢丝钳将支路线头紧贴主路线芯

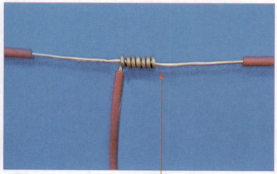

4. 去除线芯末端及切口毛刺，确保支路线芯与主路线芯良好的缠绕效果

▶▶▶ 图3-11 单股导线的缠绕式T形连接

如图3-12所示，对于横截面积较小的单股导线，可以将支路线芯在干线线芯上环绕扣结，然后沿干线线芯顺时针贴绕。

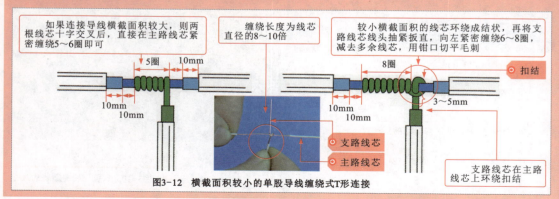

图3-12 横截面积较小的单股导线缠绕式T形连接

3 两根多股导线的缠绕式对接

当连接两根多股导线时,可采用缠绕对接的方法,如图3-13所示。

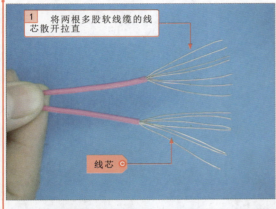

1 将两根多股软线缆的线芯散开拉直

线芯

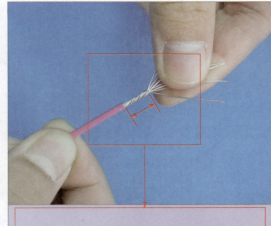

线头长度的1/3

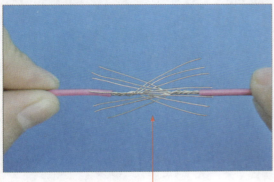

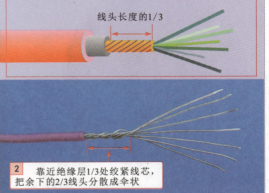

2 靠近绝缘层1/3处绞紧线芯,把余下的2/3线头分散成伞状

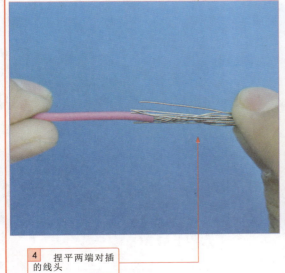

3 把两个分散成伞状的线头隔根对插

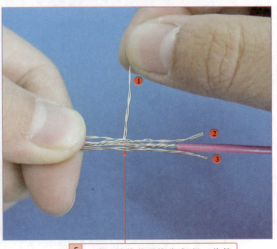

4 捏平两端对插的线头

5 将一端线芯平均分成3组,将第1组线芯扳起垂直于线头

▶▶ 图3-13 两根多股导线的缠绕式对接

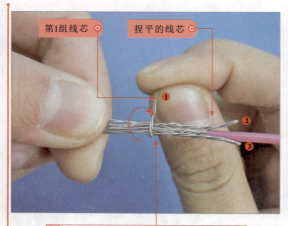
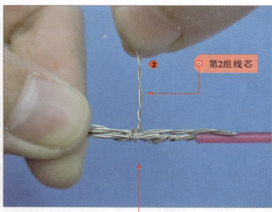

6　将第1组线芯按顺时针方向紧压扳平的线头缠绕两圈，并将余下的线芯与其他线芯沿平行方向扳平

7　将第2组线芯扳成与线芯垂直，然后按顺时针方向紧压扳平的线头缠绕两圈，余下的线芯与其他线芯沿平行方向扳平

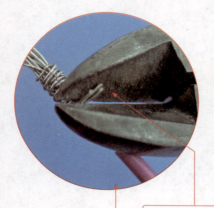
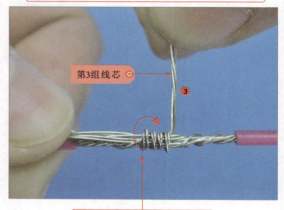

多余的线芯应从线芯的根部切除

8　将第3组线芯按顺时针方向缠绕3～4圈

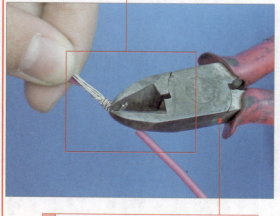

9　使用偏口钳将每组多余的线芯剪除，并处理缠绕导线的末端，使其平整

10　使用同样的方法连接线芯的另一端，完成两根软导线的缠绕式对接

▶▶ 图3-13　两根多股导线的缠绕式对接（续）

4 两根多股导线的缠绕式T形连接

当连接一根支路多股导线与一根主路多股导线时，通常采用缠绕式T形连接的方式，如图3-14所示。

1 将主路和支路多股导线连接部位的绝缘层去除

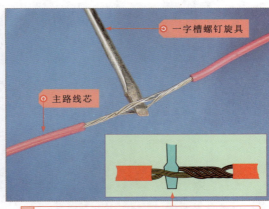

2 将一字槽螺钉旋具插入主路多股导线去掉绝缘层的线芯中心

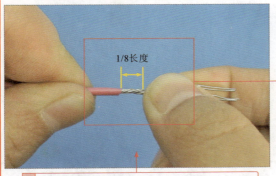

3 散开支路多股导线线芯，在距绝缘层1/8处将绞紧线芯，并将余下的支路线芯分为两组排列

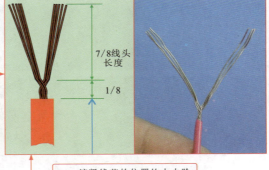

缠紧线芯的位置约占去除绝缘层线芯长度的1/8

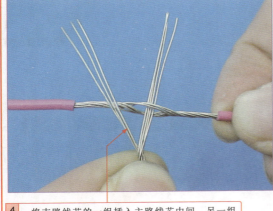

4 将支路线芯的一组插入主路线芯中间，另一组放在主路线芯前面

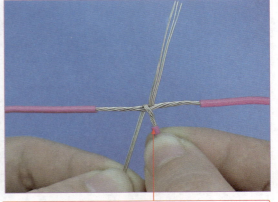

5 将插入主路线芯中的一组支路线芯以水平为轴按顺时针方向弯折缠绕，另一组支路线芯按同样方法操作

▶▶ 图3-14 两根多股导线的缠绕式T形连接

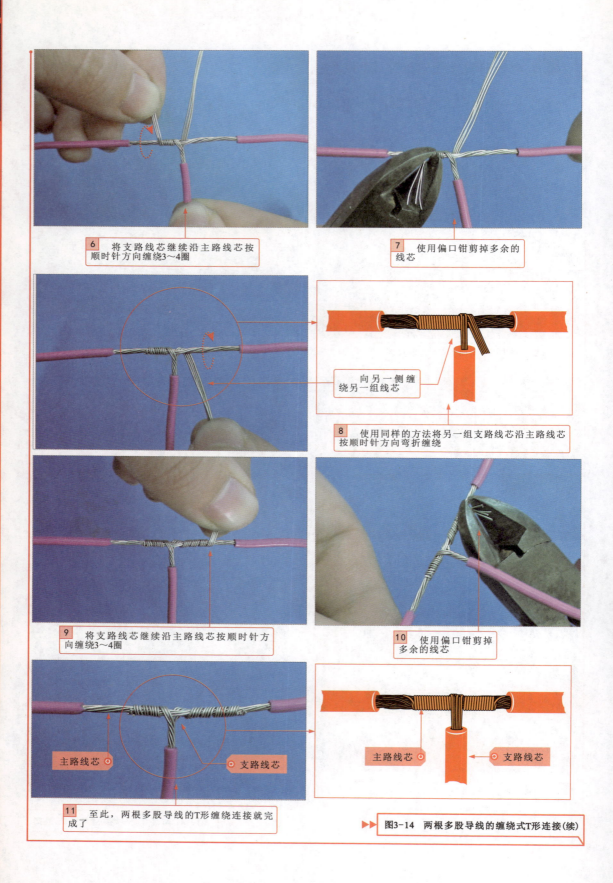

图3-14 两根多股导线的缠绕式T形连接(续)

3.2.2 线缆的绞接连接

当连接两根横截面积较小的单股导线时,通常采用绞接(X形连接)方法,如图3-15所示。

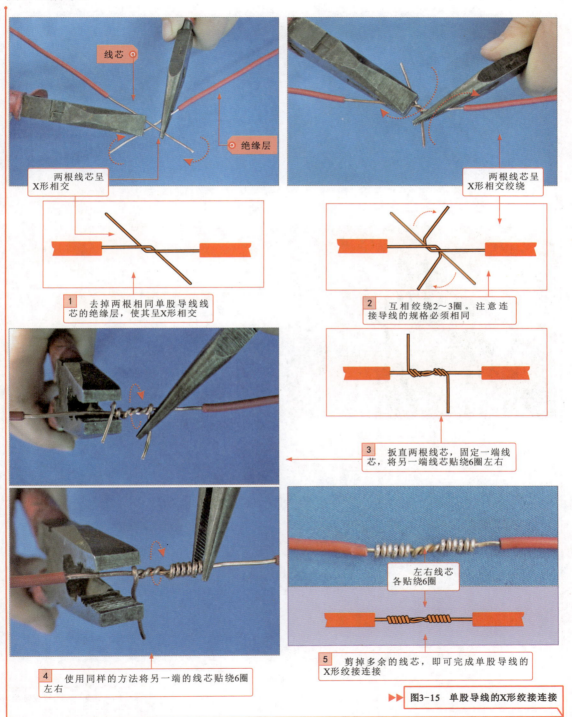

▶▶ 图3-15 单股导线的X形绞接连接

3.2.3 线缆的扭绞连接

扭绞是指将待连接的导线线头平行同向放置，然后将线头同时互相缠绕，如图3-16所示。

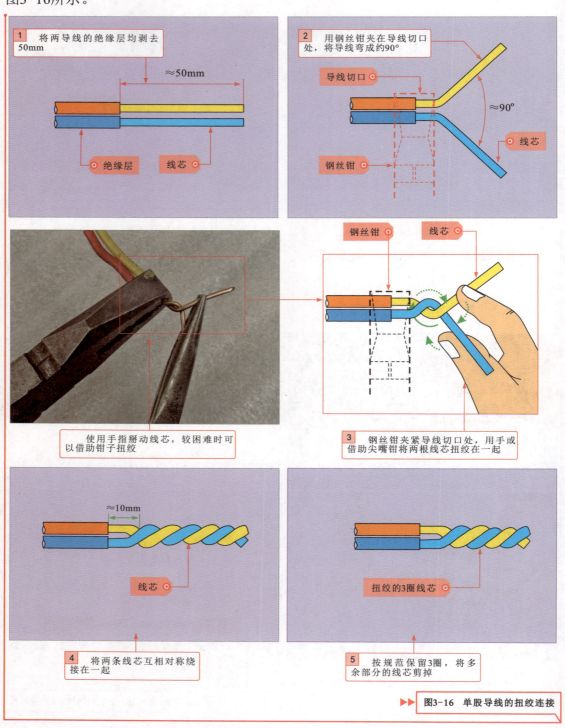

▶▶ 图3-16 单股导线的扭绞连接

3.2.4 线缆的绕接连接

绕接一般在三根导线连接时采用,是将第三根导线线头绕接在另外两根导线线头上的方法,如图3-17所示。

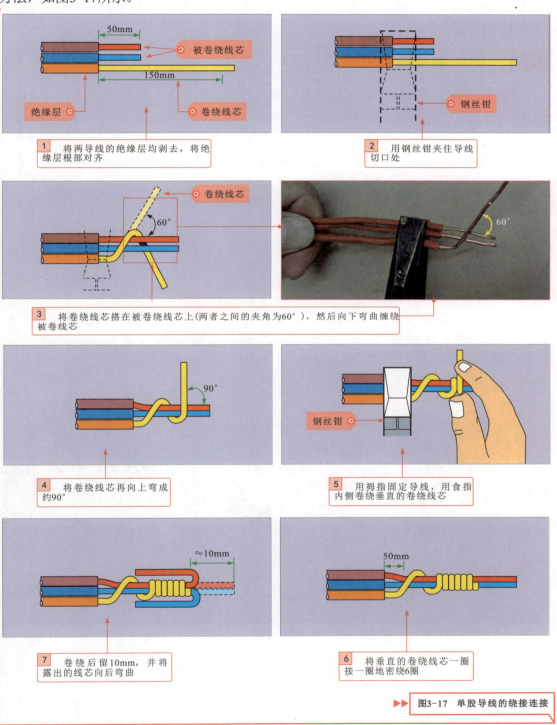

图3-17 单股导线的绕接连接

3.3 线缆连接头的加工

在线缆的加工连接中，加工处理线缆连接头也是电工操作中十分重要的一项技能。线缆连接头的加工根据线缆类型分为塑料硬导线连接头的加工和塑料软导线连接头的加工两种。

3.3.1 塑料硬导线连接头的加工

塑料硬导线一般可以直接连接，即需要将塑料硬导线的线芯加工为大小合适的连接环，具体加工方法如图3-18所示。

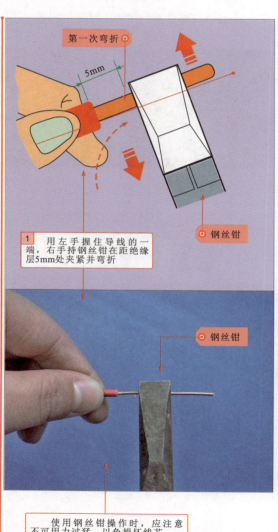
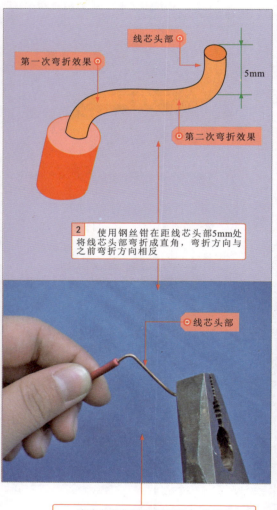

▶▶ 图3-18 塑料硬导线连接头的加工方法

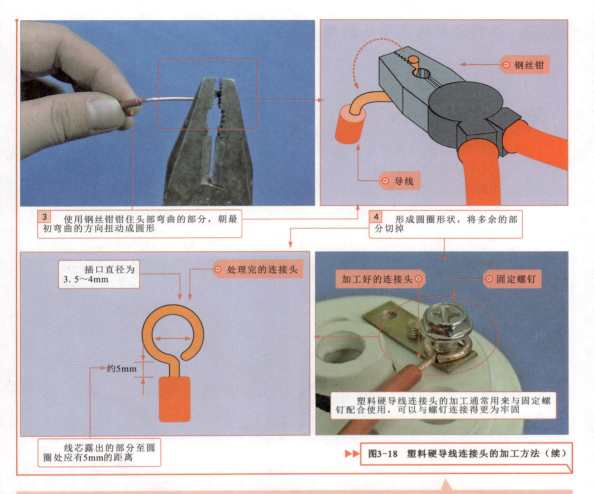

图3-18 塑料硬导线连接头的加工方法（续）

在将塑料硬导线加工为环形时，应注意连接环弯压质量，若尺寸不规范或弯压不规范，都会影响接线的质量，在实际操作过程中，若出现该类现象时，需要重新加工，如图3-19所示

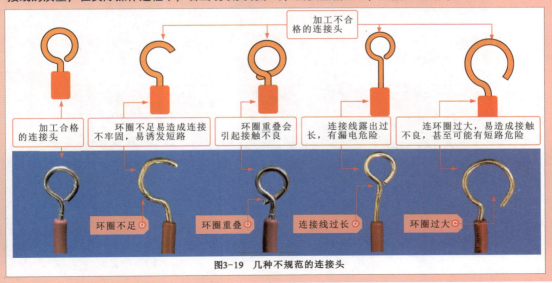

图3-19 几种不规范的连接头

3.3.2 塑料软导线连接头的加工

塑料软导线在连接使用时，常见的有绞绕式连接头的加工、缠绕式连接头的加工及环形连接头的加工三种形式。

1 绞绕式连接头的加工

绞绕式加工是将塑料软导线的线芯采用绞绕式操作，需要用一只手握住线缆绝缘层处，另一只手捻住线芯，向一个方向旋转，使线芯紧固整齐即可完成连接头的加工，如图3-20所示。

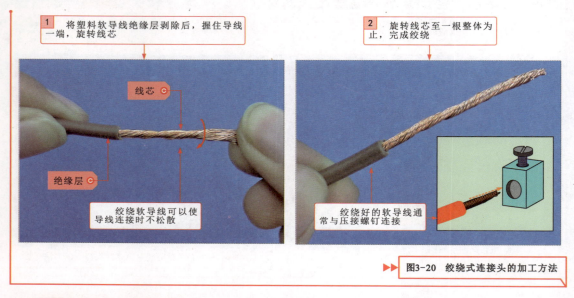

▶▶ 图3-20 绞绕式连接头的加工方法

2 缠绕式连接头的加工

当塑料软导线插入某些连接孔中时，可能由于多股软线缆的线芯过细，无法插入，所以需要在绞绕的基础上，将其中一根线芯沿一个方向由绝缘层处开始向上缠绕，直至缠绕到顶端，完成缠绕式加工，如图3-21所示。

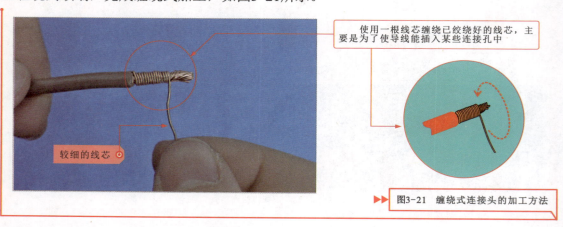

▶▶ 图3-21 缠绕式连接头的加工方法

3 环形连接头的加工

首先将线芯离绝缘层根部1/2处的线芯绞绕紧，然后将其弯折，并将弯折的线芯与线缆并紧，将线芯头1/3的线芯拉起，用其环绕其余的线芯与线缆，如图3-22所示。

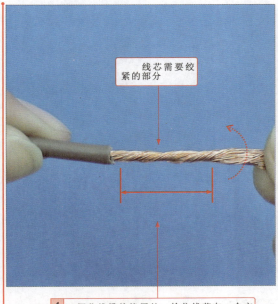

1 握住线缆绝缘层处，捻住线芯向一个方向旋转

2 在1/3处向外折角，然后弯曲成圆弧

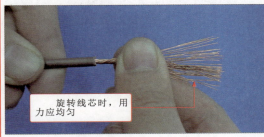

旋转线芯时，用力应均匀

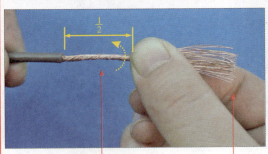

旋转线芯时，注意旋转的位置应距离绝缘层根部1/2处

旋转线芯，使其紧固整齐

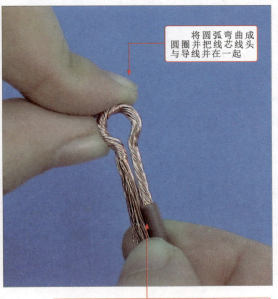

将圆弧弯曲成圆圈并把线芯线头与导线并在一起

3 将线芯弯折为环形，并将弯折的线芯与线缆并紧，在操作过程中可借助工具进行操作

▶▶ 图3-22 环形连接头的加工方法

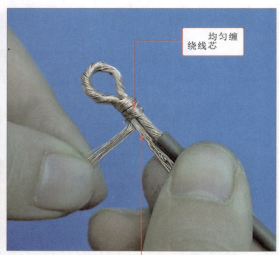

4 将线芯与线缆贴紧，取出其中的1/3线芯并拉直

5 将拉起的线芯先以顺时针方向绕两圈

均匀缠绕线芯

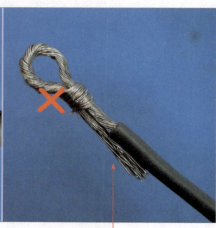

6 将拉起的线芯环绕其余的线芯，剪掉多余的线芯，完成环形连接头的加工

缠绕时，应避免剩余部分过多，以免造成接触不良或漏电现象

▶▶ 图3-22 环形连接头的加工方法（续）

线缆的连接头除以上几种加工方式外，还有一种是多股线芯与接线螺钉的连接方法，可在多股导线与接线螺钉连接之前，先将线芯与螺钉绞紧，如图3-23所示。

先将线缆的一端缠绕在螺钉上

将线缆向回缠绕固定在螺钉上，并与剩余线缆拧在一起固定

图3-23 环形连接头的其他加工方法

3.4 线缆焊接与绝缘层恢复

线缆焊接主要是将两段及以上的线缆连接在一起。绝缘层恢复主要是将焊接后的线缆部分进行绝缘处理,避免因外露而造成漏电故障。

3.4.1 线缆的焊接

线缆连接完成后,为确保线缆连接牢固,需要对其连接端进行焊接处理,使其连接更为牢固。焊接时,需要对线缆的连接处上锡,再用电烙铁加热,把线芯焊接在一起,完成线缆的焊接,具体操作方法如图3-24所示。

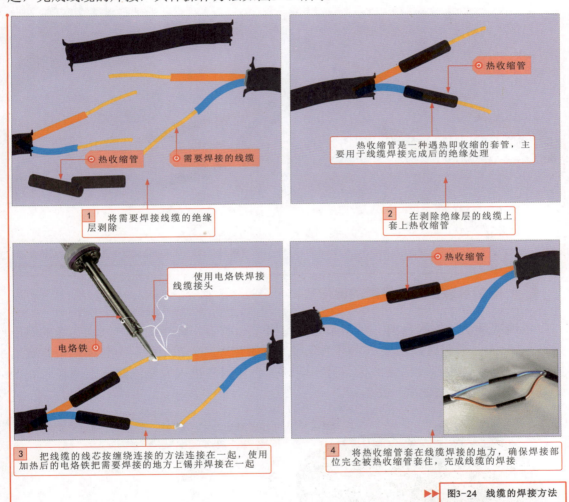

▶▶▶ 图3-24 线缆的焊接方法

线缆的焊接除了使用绕焊外,还有钩焊、搭焊。其中,钩焊的操作方法是将导线弯成钩形钩在接线端子上,用钳子夹紧后再焊接,这种方法的强度低于绕焊,但操作简便;搭焊的操作方法是用焊锡把导线搭到接线端子上直接焊接,仅用在临时连接或不便于缠、钩的地方及某些接插件上,这种连接最方便,但强度及可靠性最差。

3.4.2 线缆绝缘层的恢复

线缆连接或绝缘层遭到破坏后，必须恢复绝缘性能才可以正常使用，并且恢复后，强度应不低于原有绝缘层。常用的绝缘层恢复方法有两种：一种是使用热收缩管恢复绝缘层；另一种是使用绝缘材料包缠法。

1 使用热收缩管恢复线缆的绝缘层

使用热收缩管恢复线缆的绝缘层是一种简便、高效的操作方法。该方法可以有效地保护连接处，避免受潮、污垢和腐蚀，具体操作方法如图3-25所示。

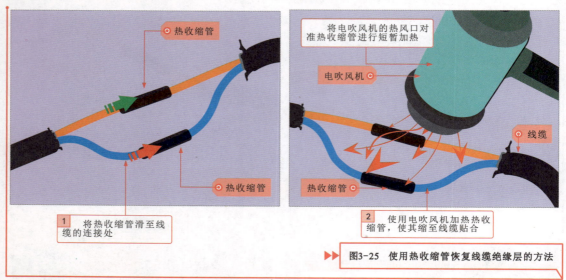

图3-25 使用热收缩管恢复线缆绝缘层的方法

2 使用包缠法恢复线缆的绝缘层

包缠法是使用绝缘材料（黄腊带、涤纶膜带、胶带）缠绕线缆。缠绕绝缘的宽度为15～20mm。包缠时，需要从完整绝缘层上开始包缠，先在绝缘层上包缠两根带宽后方可进入连接处的芯线部分；包至另一端时，也需同样包入完整绝缘层上两根带宽的距离，具体操作方法如图3-26所示。

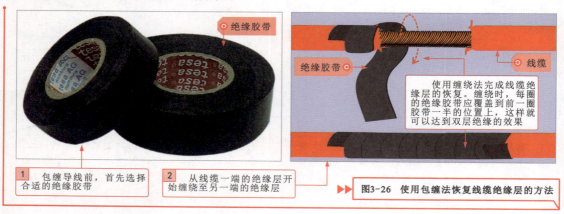

图3-26 使用包缠法恢复线缆绝缘层的方法

在实际操作过程中，绝缘胶带通常采用斜叠法，缠绕时要拉紧绝缘带，并根据线路的不同进行不同程度的恢复。220V线路上的导线恢复绝缘层时，先包缠一层黄腊带（或涤纶薄膜带），再包缠一层绝缘胶带。380V线路上的导线恢复绝缘层时，先包缠二三层黄腊带（或涤纶薄膜带），再包缠二层绝缘胶带，同时，应严格按照规范进行缠绕操作，如图3-27所示。

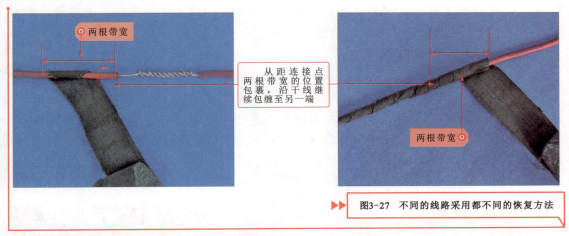

图3-27　不同的线路采用都不同的恢复方法

导线绝缘层的恢复是较为普通和常见的，在实际操作中还会遇到分支导线连接点绝缘层的恢复，恢复时，需要用胶带从距分支连接点两根带宽的位置进行包裹，具体操作方法如图3-28所示。

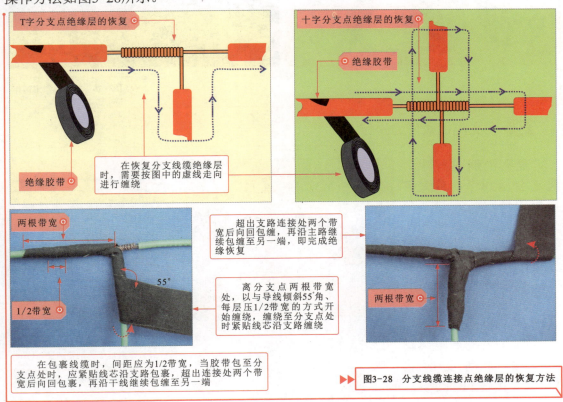

图3-28　分支线缆连接点绝缘层的恢复方法

3.5 线缆的配线技能

3.5.1 瓷夹配线

瓷夹配线也称为夹板配线，是指用瓷夹板来支持导线，使导线固定并与建筑物绝缘的一种配线方式，一般适用于正常干燥的室内场所和房屋挑檐下的室外场所。通常情况下，使用瓷夹配线时，其线路的横截面积一般不要超过10mm²。瓷夹配线操作可分为瓷夹的固定、瓷夹配线敷设两部分。

1 瓷夹的固定

在固定瓷夹时，可以将其埋设在固件上或是使用胀管螺钉固定。用胀管螺钉固定时，应先在需要固定的位置上钻孔，孔的大小应与胀管粗细相同，其深度略长于胀管螺钉的长度，然后将胀管螺钉放入瓷夹底座的固定孔内固定，将导线固定在瓷夹的线槽内，最后用螺钉固定好瓷夹的上盖即可，如图3-29所示。

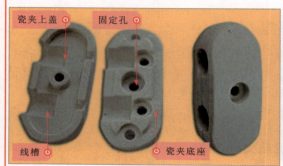 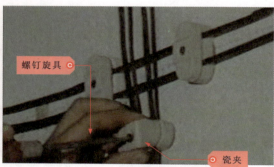

▶▶▶ 图3-29 瓷夹的固定操作

2 瓷夹配线敷设的操作

瓷夹配线过程中，通常会遇到穿墙或是穿楼板的情况，在进行该类操作时，应按照相关的规定操作。线路穿墙进户时，一根瓷管内只能穿一根导线，并应有一定的倾斜度。在穿过楼板时，应使用保护钢管，并且在楼上距离地面的钢管高度应为1.8m，如图3-30所示。

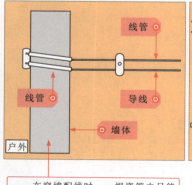 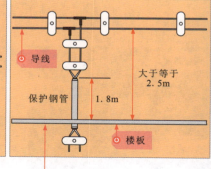

▶▶▶ 图3-30 瓷夹配线敷设的操作

瓷夹配线时，通常会遇到一些建筑物，如水管、蒸汽管或转角等，应进行相应的保护。在与导线进行交叉敷设时，应使用塑料管或绝缘管对导线进行保护，并且在塑料管或绝缘管的两端导线上用瓷夹板夹牢，防止塑料管移动；在跨越蒸汽管时，应使用瓷管对导线进行保护，瓷管与蒸汽管保温层外应有20mm的距离；使用瓷夹在进行转角或分支配线时，应在距离墙面40～60mm处安装一个瓷夹固定线路。图3-31为瓷夹敷设时的标准。

使用瓷夹配线需要连接导线时，连接头应尽量安装在两瓷夹中间，避免将导线的接头压在瓷夹内。使用瓷夹在室内配线时，绝缘导线与建筑物表面的最小距离不应小于5mm；使用瓷夹在室外配线时，不能应用在雨雪能够落到导线上的地方。

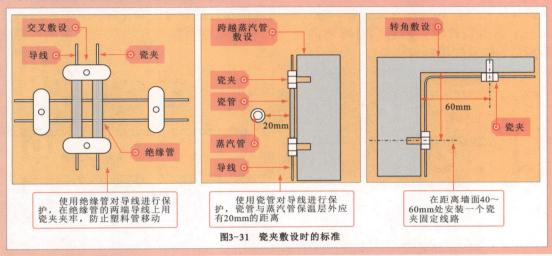

图3-31　瓷夹敷设时的标准

3.5.2　瓷瓶配线

瓷瓶配线也称为绝缘子配线，是利用瓷瓶支撑并固定导线的一种配线方法，常用于线路的明敷。瓷瓶配线绝缘效果好，机械强度大，适用于用电量较大而且较潮湿的场合，允许导线横截面积较大。通常情况下，当导线横截面积在25mm^{2}以上时，可以使用瓷瓶配线。瓷瓶配线操作可分为瓷瓶与导线的绑扎、瓷瓶配线敷设两部分。

1 瓷瓶与导线的绑扎

使用瓷瓶配线时，需要将导线与瓷瓶绑扎，在绑扎时通常会采用双绑、单绑及绑回头几种方式。双绑方式通常用于受力瓷瓶的绑扎或导线的横截面积在10mm^{2}以上的绑扎；单绑方式通常用于不受力瓷瓶或导线横截面积在6mm^{2}及以下的绑扎；绑回头的方式通常用于终端导线与瓷瓶的绑扎。图3-32为瓷瓶与导线的绑扎操作。

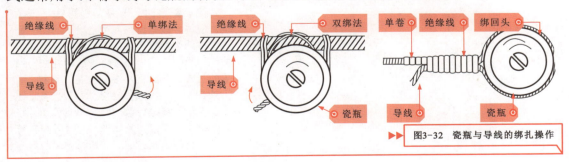

▶▶ 图3-32　瓷瓶与导线的绑扎操作

在瓷瓶配线时，应先将导线校直，将导线的一端绑扎在瓷瓶的颈部，然后在导线的另一端将导线收紧，并绑扎固定，最后绑扎并固定导线的中间部位。

2 瓷瓶配线敷设

在瓷瓶配线过程中，难免会遇到导线之间的分支、交叉或是拐角等，应按照相关规范进行操作。导线在分支操作时，需要在分支点处设置瓷瓶以支持导线，不使导线受到其他张力，导线相互交叉时，应在距建筑物较近的导线上套绝缘保护管；导线在同一平面内敷设时，若遇到有弯曲的情况，则瓷瓶需要装设在导线曲折角的内侧。图3-33为瓷瓶配线敷设的操作。

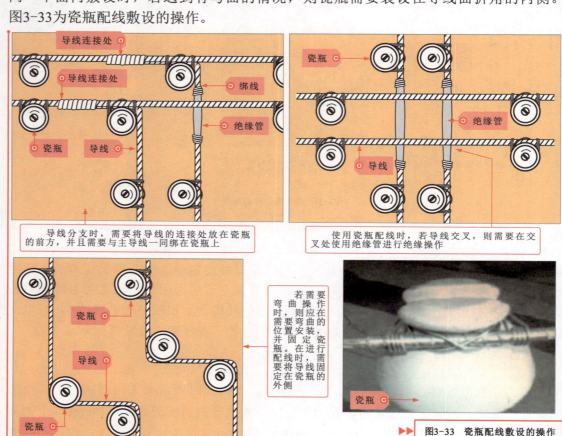

▶▶▶ 图3-33 瓷瓶配线敷设的操作

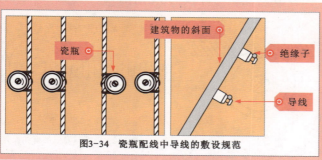

图3-34 瓷瓶配线中导线的敷设规范

瓷瓶配线时，若是两根导线平行敷设，应将导线敷设在两个绝缘子的同一侧或者在两个绝缘子的外侧。在建筑物的侧面或斜面配线时，必须将导线绑扎在绝缘子的上方，严禁将两根导线置于两个绝缘子的内侧。无论是瓷夹配线还是瓷瓶配线，在对导线进行敷设时，都应该使导线处于平直、无松弛的状态，并且导线在转弯处避免有急弯的情况，如图3-34所示。

使用瓷瓶配线时，对瓷瓶位置的固定非常重要，应按相关的规范进行。在室外，瓷瓶在墙面上固定时，固定点之间的距离不应超过200mm，并且不可以固定在雨、雪等能落到的地方；固定瓷瓶时，应使导线与建筑物表面的最小距离大于等于10mm；瓷瓶在配线时不可以将瓷瓶倒装。图3-35为瓷瓶固定时的规范。

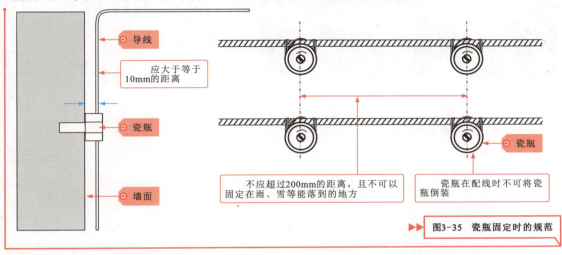

▶▶ 图3-35 瓷瓶固定时的规范

3.5.3 金属管配线

金属管配线是指使用金属材质的管制品，将线路敷设于相应的场所，是一种常见的配线方式，室内和室外都适用。采用金属管配线可以很好地保护导线，并且能减少因线路短路而发生火灾等故障。在进行金属管配线时，可按顺序进行操作，如选配、加工、弯管、固定等。

1 金属管的选用与加工

在使用金属管配线时，应先选择合适的金属管。若金属管敷设于潮湿的场所，则金属管会受到不同程度的锈蚀，为了保障线路的安全，应采用较厚的水、煤气钢管；若敷设于干燥的场所，则可以选用金属电线管。图3-36为金属管的选用。

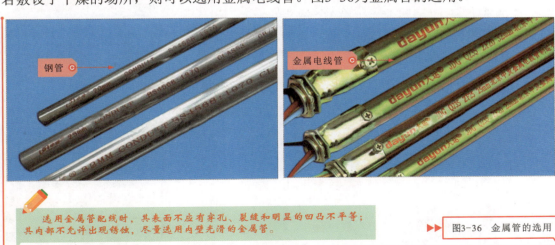

选用金属管配线时，其表面不应有穿孔、裂缝和明显的凹凸不平等；其内部不允许出现锈蚀，尽量选用内壁光滑的金属管。

▶▶ 图3-36 金属管的选用

在使用金属管配线时，为了防止穿线时金属管口划伤导线，应使用专用工具对管口处的毛刺进行打磨处理，使金属管的管口没有毛刺或是尖锐的棱角。图3-37为金属管管口的加工。

▶▶▶ 图3-37 金属管管口的加工

2 金属管的弯头敷设

金属管的弯管操作要使用专业的弯管器，避免出现裂缝、明显凹瘪等弯制不良的现象。另外，金属管弯曲半径不得小于金属管外径的6倍，若明敷时只有一个弯，则可将金属管的弯曲半径减少为金属管外径的4倍。图3-38为金属管弯头的加工示意图。

> 通常情况下，金属管的弯曲角度应在90°～105°之间。在敷设金属管时，为了减少配线时的困难程度，应尽量减少弯头出现的总量，每根金属管的弯头不应超过3个，直角弯头不应超过2个。

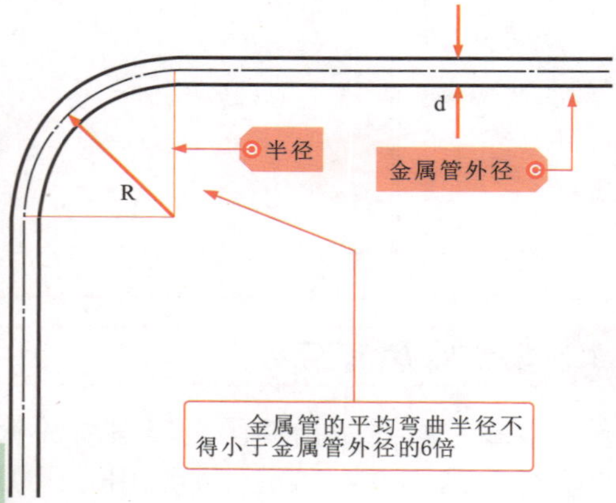

▶▶▶ 图3-38 金属管弯头的加工示意图

若金属管管路较长或有较多弯头时，则需要适当加装接线盒。无弯头时，金属管的长度不应超过30m；有1个弯头时，金属管的长度不应超过20m；有2个弯头时，金属管的长度不应超过15m；有3个弯头时，金属管的长度不应超过8m。图3-39为金属管使用长度的标准。

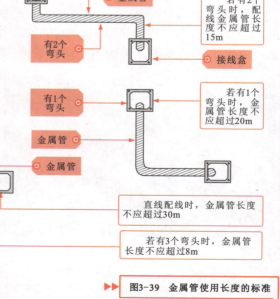

▶▶▶ 图3-39 金属管使用长度的标准

金属管配线时，为了美观和方便拆卸，固定金属管通常会使用管卡操作。金属管卡的固定间隔不应超过3m；在距离接线盒0.3m的区域应使用管卡固定；在弯头两边也应使用管卡固定。

图3-40为金属管配线时的固定。

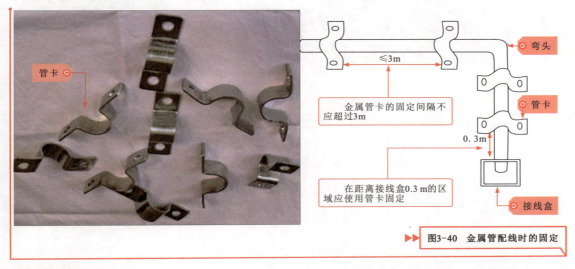

▶▶▶ 图3-40　金属管配线时的固定

3.5.4 塑料线槽配线

塑料线槽配线是指将绝缘导线敷设在塑料槽板的线槽内，上面使用盖板将导线盖住。该类配线方式适用于办公室、生活间等干燥房屋内的照明，也适用于工程改造更换线路。通常该类配线方式是在墙面抹灰粉刷后操作。

塑料线槽配线时，其内部的导线填充率及载流导线的根数应满足导线的安全散热要求，并且在塑料线槽的内部不可以有接头、分支接头等。若有接头，则使用接线盒连接。图3-41为塑料线槽配线时导线的敷设标准。

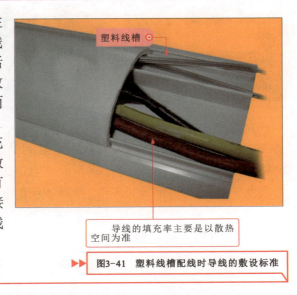

▶▶▶ 图3-41　塑料线槽配线时导线的敷设标准

有些操作人员为了节省成本和劳动，将强电导线和弱电导线放置在同一塑料线槽内，这会对弱电设备的通信传输造成影响，是非常错误的行为。

另外，线槽内的线缆也不宜过多，通常规定，在线槽内导线或电缆的总横截面积不应超过线槽内总横截面积的20%。有些操作人员在使用塑料线槽敷设线缆时，线槽内的导线数量过多，且接头凌乱，这会为日后用电留下安全隐患，必须将线缆理清，重新设计敷设方式。图3-42为线缆在塑料槽内的配线规范。

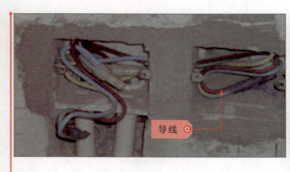

▶▶ 图3-42 线缆在塑料槽内的配线规范

线缆水平敷设在塑料线槽中可以不绑扎，槽内的缆线应顺直，尽量不要交叉，线缆在导线进出线槽的部位及拐弯处应绑扎固定。若导线在线槽内是垂直配线，应每间隔1.5m的距离固定一次。图3-43为使用塑料线槽配线时导线的操作规范。

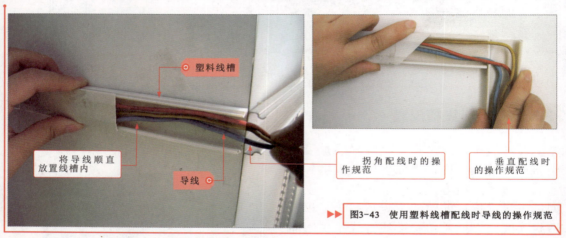

▶▶ 图3-43 使用塑料线槽配线时导线的操作规范

对线槽的槽底进行固定时，其固定点之间的距离应根据线槽的规格而定。塑料线槽的宽度为20～40 mm时，其两固定点间的最大距离应为80mm，可采用单排固定法；塑料线槽的宽度为60mm时，其两固定点的最大距离应为100mm，可采用双排固定法，并且固定点纵向间距为30mm；塑料线槽的宽度为80～120mm时，其固定点之间的距离应为80mm，可采用双排固定法，并且固定点纵向间距为50mm。图3-44为使用塑料线槽配线时导线的操作规范。

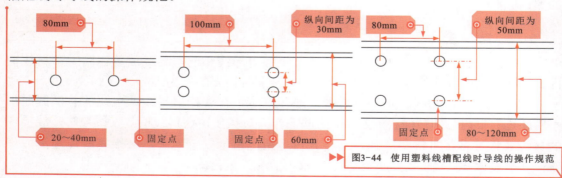

▶▶ 图3-44 使用塑料线槽配线时导线的操作规范

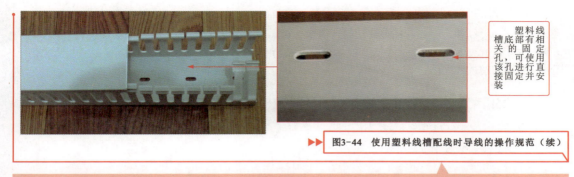

▶▶ 图3-44 使用塑料线槽配线时导线的操作规范（续）

目前，市场上有很多塑料线槽的敷设连接配件，如阴转角、阳转角、分支三通、直转角等，使用这些配件可以为塑料线槽的敷设连接提供方便。图3-45为塑料线槽配线时用到的相关附件。

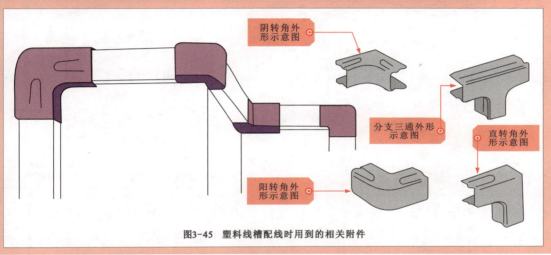

图3-45 塑料线槽配线时用到的相关附件

3.5.5 金属线槽配线的操作技能

金属线槽配线用于明敷时，一般适用于正常环境的室内场所。带有槽盖的金属线槽具有较强的封闭性，耐火性能也较好，可以敷设在建筑物顶棚内。但是对于金属线槽有严重腐蚀的场所，不可以采用该类配线方式。

金属线槽配线时，若遇到特殊情况，线槽的接头处需要设置安装支架或吊架；（1）直线敷设金属线槽的长度为1～1.5m时；（2）金属线槽的首端、终端及进出接线盒的0.5m处。图3-46为金属线槽配线时的规范。

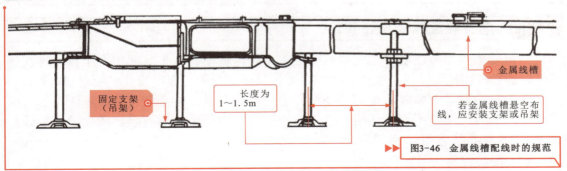

▶▶ 图3-46 金属线槽配线时的规范

金属线槽配线时，其内部的导线不能有接头，若是在易于检修的场所，可以允许在金属线槽内有分支的接头，并且在金属线槽内配线时，其内部导线的横截面积不应超过金属线槽内横截面积的20%，载流导线不宜超过30根。

金属线槽配线时，为了便于穿线，金属线槽在交叉/转弯或分支处配线应设置分线盒；若直线长度超过6m，应采用分线盒连接，并且为了日后线路的维护，分线盒应能够开启，并采取防水措施。

图3-47为金属线槽配线时分线盒的使用操作。

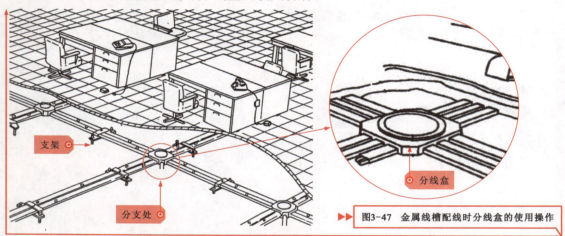

▶▶▶ 图3-47 金属线槽配线时分线盒的使用操作

金属线槽配线时，若是敷设在现浇混凝土的楼板内，则要求楼板的厚度不应小于200mm；若是在楼板垫层内，则要求垫层的厚度不应小于70mm，并且要避免与其他管路有交叉现象。图3-48为金属线槽在混凝土中配线时的注意事项。

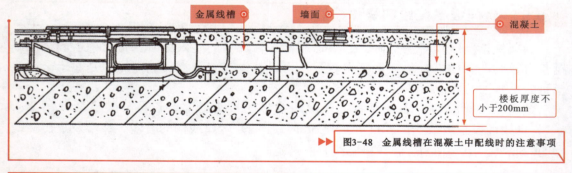

▶▶▶ 图3-48 金属线槽在混凝土中配线时的注意事项

3.5.6 塑料管配线的操作技能

塑料管配线明敷的操作方式具有配线施工操作方便、施工时间短、抗腐蚀性强等特点，适合应用在腐蚀性较强的环境中。塑料管可分为硬质塑料管和半硬质塑料管。

在进行塑料管配线时，首先需要选择合适的塑料管，检查塑料管的表面是否有裂缝或瘪陷，若有，则不可以使用；然后检查塑料管内部是否存有异物或尖锐的物体，若有，则不可以选用。将塑料管用于暗敷时，要求其管壁的厚度应不小于3mm。图3-49为塑料管的选用。

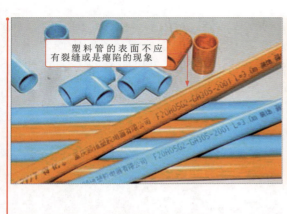
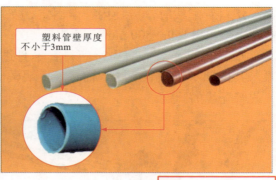

▶▶ 图3-49 塑料管的选用

为了便于导线的穿越，塑料管弯头部分的角度一般不应小于90°，要有明显的圆弧，不可以出现管内弯瘪的现象。

敷设室内线路通常使用的线管为PVC塑料管，加工时，会遇到弯管操作。若弯管的方法不当，则很容易造成线管的折扁。对塑料管进行弯管时，一般会用到弹簧进行辅助，这样做出的弯头可以保持与直管同样的直径。图3-50为塑料管配线前的加工技能。

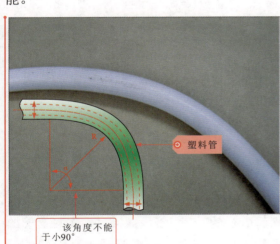

▶▶ 图3-50 塑料管配线前的加工技能

线管在砖墙内暗线敷设时，一般在土建砌砖时预埋，否则应先在砖墙上留槽或开槽，然后在砖缝里打入木楔并钉上钉子，再用铁丝将线管绑扎在钉子上，并将钉子钉入。若是在混凝土内暗线敷设时，可用铁丝将线管绑扎在钢筋上，将线管用垫块垫高10~15 mm，使线管与混凝土模板间保持足够距离，并防止浇灌混凝土时把线管拉开。图3-51为塑料管暗敷时的操作技能。

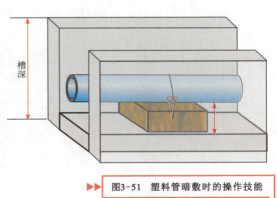

▶▶ 图3-51 塑料管暗敷时的操作技能

塑料管配线时，应使用管卡固定、支撑。在距离塑料管始端、终端、开关、接线盒或电气设备150～500 mm处应固定一次。敷设多条塑料管时，要保持其间距均匀。

塑料管配线前，应先对塑料管本身进行检查，其表面不可以有裂缝、瘪陷的现象，其内部不可以有杂物，而且保证明敷塑料管的管壁厚度不小于2mm。图3-52为塑料线管配线的固定。

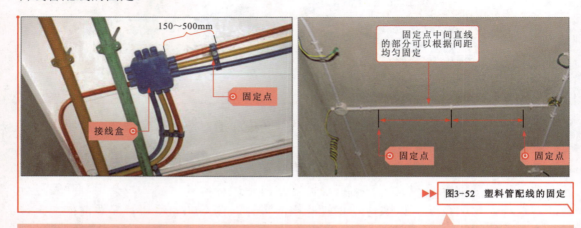

▶▶▶ 图3-52 塑料管配线的固定

将线管从接线盒中的侧孔中穿出，并使用相关的配件将接线盒固定，再将线管的管口用木塞堵上。图3-53为塑料管配线前管口的规范操作技能。

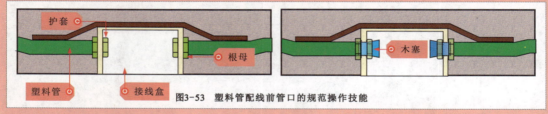

图3-53 塑料管配线前管口的规范操作技能

塑料管之间可以采用插入法和套接法连接。插入法是指将粘接剂涂抹在A塑料管的表面，然后将A塑料管插入B塑料管内1.2～1.5倍A塑料管管径的深度即可；套接法则是将同直径的塑料管扩大成套管，其长度为塑料管外径的2.5～3倍，插接时，先将套管加热至130 ℃左右，时间为1～2min，在套管变软的同时将两根塑料管插入套管即可。图3-54为塑料管的连接操作技能。

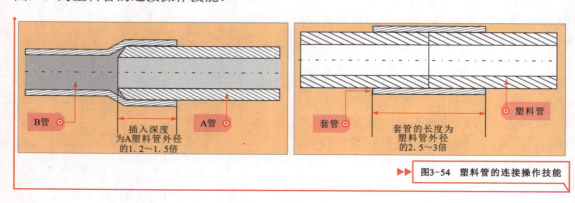

▶▶▶ 图3-54 塑料管的连接操作技能

在塑料管敷设连接时，辅助连接配件有直接头、正三通头、90°弯头、45°弯头、异径接头等，可根据需要使用相应的配件。图3-55为塑料管配线时用到的配件。

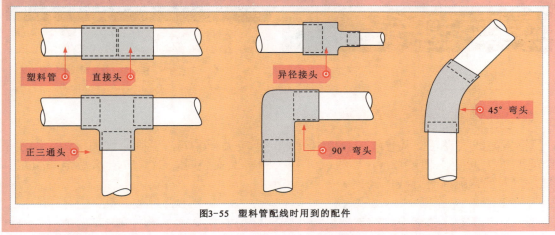

图3-55 塑料管配线时用到的配件

塑料管加工完成后，需要进行配线操作，即将导线穿入塑料管内。穿线时，可将导线与穿管弹簧连接，然后通过穿管弹簧将导线穿入塑料管中。穿出后，需要轻轻拉动导线的两端，查看是否有过紧或卡死的情况。图3-56为塑料管配线中穿入导线的操作技能。

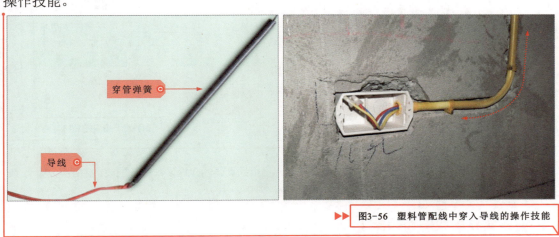

图3-56 塑料管配线中穿入导线的操作技能

3.5.7 钢索配线的操作技能

钢索配线方式就是指在钢索上吊瓷柱配线、吊钢管配线或塑料护套配线。灯具也可以吊装在钢索上，通常应用于房顶较高的生产厂房内，可以降低灯具安装的高度，提高被照面的亮度，也方便照明灯的布置。

1 钢索配线中钢索的选用

钢索配线中用到的钢索应选用镀锌钢索，不得使用含油芯的钢索；若是敷设在潮湿或有腐蚀性的场所，则可以选用塑料护套钢索。通常，单根钢索的直径应小于0.5mm，并不应有扭曲和断股的现象。图3-57为钢索配线中钢索的选用。

图3-57 钢索配线中钢索的选用

2 钢索配线时导线的固定

钢索配线敷设后，其导线的弧度（弧垂）不应大于0.1m，否则应增加吊钩。钢索吊钩间的最大间距不超过12m。导线或灯具在钢索上安装时，钢索应能承受全部负重。图3-58为钢索配线时导线的固定。

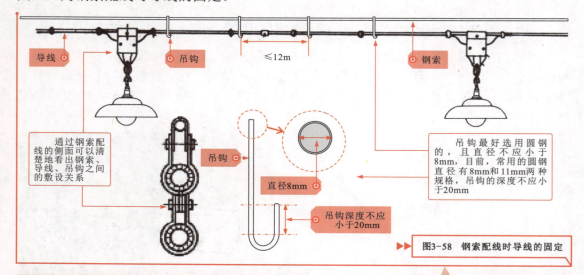

图3-58 钢索配线时导线的固定

不同的配线环境，具体的配线方法也略有差异，可根据具体的数据要求进行配线。为吊灯进行配线时，吊灯的扁钢吊架与两侧的固定卡应距离1500mm。

3 钢索配线的连接操作

在钢索配线过程中，若钢索的长度不超过50m，则可在钢索的一端使用花蓝螺栓连接；若钢索的长度超过50m，则钢索的两端均应安装花蓝螺栓；钢索的长度每超过50m，应在中间加装一个花蓝螺栓连接。图3-59为钢索配线的连接操作。

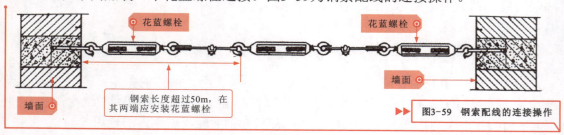

图3-59 钢索配线的连接操作

第4章 常用电气部件的安装技能

4.1 控制及保护器件的安装

4.1.1 交流接触器的安装

交流接触器也称电磁开关，一般安装在控制电动机、电热设备、电焊机等控制线路中，是电工行业中使用最广泛的控制器件之一。安装前，首先要了解交流接触器的安装形式，然后进行具体的安装操作，如图4-1所示。

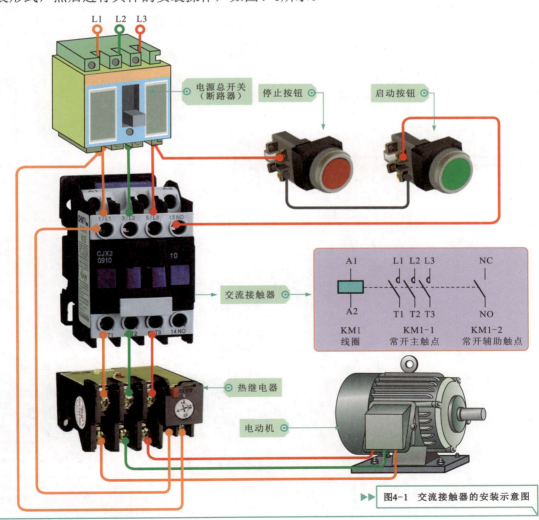

▶▶▶ 图4-1 交流接触器的安装示意图

接触器的A1和A2引脚为内部线圈引脚，用来连接供电端；L1和T1、L2和T2、L3和T3、NO连接端分别为内部开关引脚，用来连接电动机或负载，如图4-2所示。

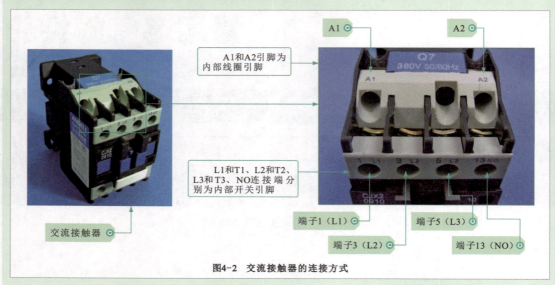

图4-2 交流接触器的连接方式

了解了交流接触器的安装方式后，便可以动手安装了。下面就演示一下交流接触器安装的全过程，如图4-3所示。

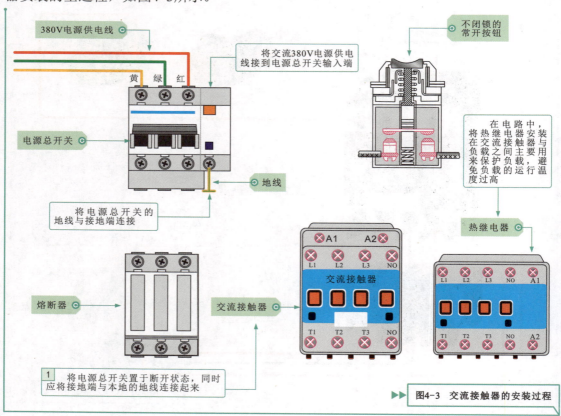

图4-3 交流接触器的安装过程

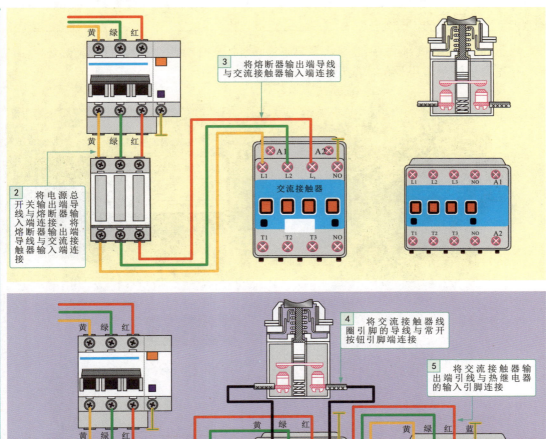

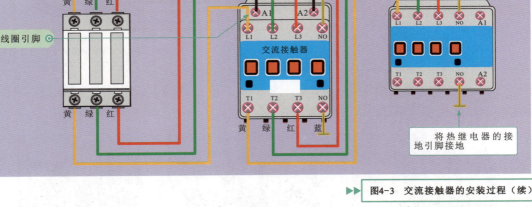

▶▶▶ 图4-3 交流接触器的安装过程（续）

在安装交流接触器时应注意以下几点：
◆在确定交流接触器的安装位置时，应考虑以后检查和维修的方便性。
◆交流接触器应垂直安装，其底面与地面应保持平行。安装CJ0系列的交流接触器时，应使有孔的两面处于上下方向，以利于散热；应留有适当空间，以免烧坏相邻电器。
◆安装孔的螺栓应装有弹簧垫圈和平垫圈，并拧紧螺栓，以免因振动而松脱；安装接线时，勿使螺栓、线圈、接线头等失落，以免落入接触器内部，造成卡住或短路。
◆安装完毕，检查接线正确无误后，应在主触点不带电的情况下，先使线圈通电分合数次，检查其动作是否可靠。只有确认接触器处于良好状态，才可投入运行。

4.1.2 热继电器的安装

热继电器是电气部件中通过热量保护负载的一种器件。在动手安装热继电器之前，首先要了解热继电器的安装形式和设计方法，然后安装，如图4-4所示。

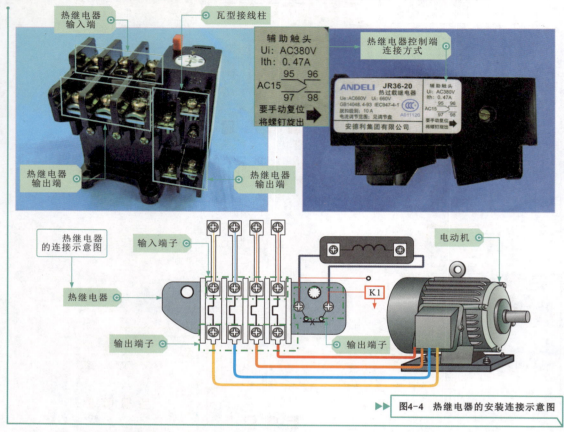

▶▶▶ 图4-4 热继电器的安装连接示意图

了解了热继电器的安装形式和设计方案后，便可以动手安装热继电器了。下面就演示一下热继电器安装的全过程，如图4-5所示。

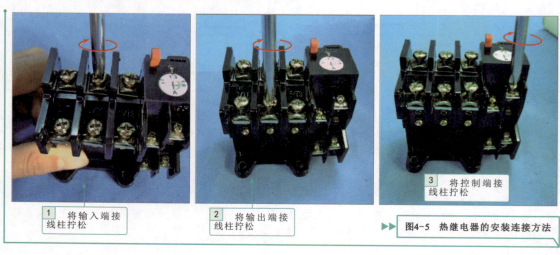

▶▶▶ 图4-5 热继电器的安装连接方法

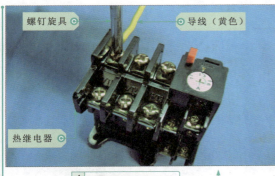

4 使用螺钉旋具将导线与输入端连接

5 使用螺钉旋具依次将导线与热继电器的输入端子连接

6 使用螺钉旋具将导线与输出端连接

7 使用螺钉旋具依次将导线与热继电器的输出端子连接

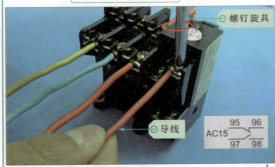

8 使用螺钉旋具将控制端的导线与相应的端子连接。连接时,尽量使输入导线与输出导线的颜色匹配

9 使用螺钉旋具依次将导线与控制端子连接,完成导线的连接操作

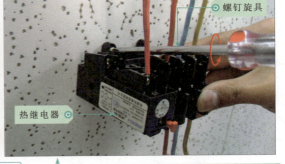

10 将热继电器安装在需要固定的位置上

11 使用固定螺钉将热继电器固定好

▶▶ 图4-5 热继电器的安装连接方法(续)

4.1.3 熔断器的安装

熔断器是指在电工线路或电气系统中用于线路或设备的短路及过载保护的器件。在动手安装熔断器之前，首先要了解熔断器的安装形式和设计方法，然后进行具体的安装操作，如图4-6所示。

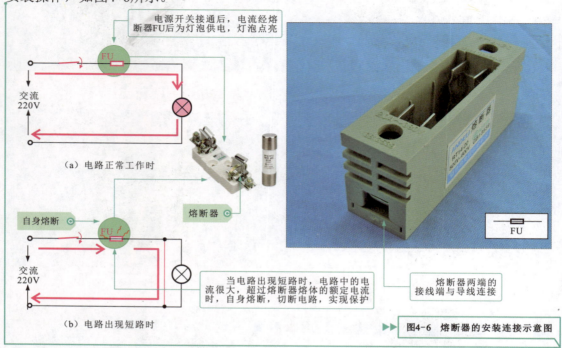

▶▶▶ 图4-6 熔断器的安装连接示意图

了解了熔断器的安装形式和设计方案后，便可以动手安装熔断器了。下面以典型电工线路中常用的熔断器为例，演示一下熔断器在电工电路中安装和接线的全过程，如图4-7所示。

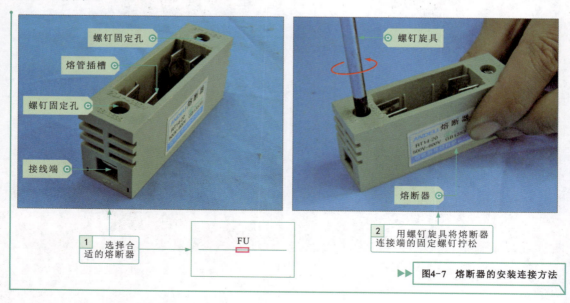

▶▶▶ 图4-7 熔断器的安装连接方法

3 用剥线钳将绝缘层部分剥线

4 使用偏口钳将多余的导线连接端子剪断

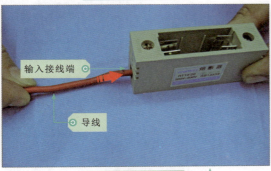

5 将导线插入熔断器的输入接线端内

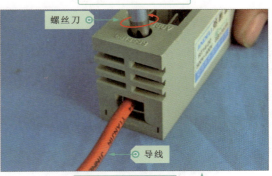

6 用螺钉旋具拧紧输入接线端的螺钉

7 将导线插入熔断器的输出接线端内

8 用螺钉旋具拧紧输出接线端的螺钉，使导线固定

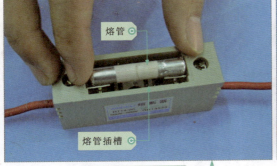

9 将熔管安装在熔管的插槽内

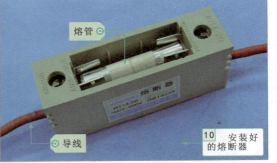

10 安装好的熔断器

▶▶ 图4-7 熔断器的安装连接方法（续）

4.2 电源插座的安装

4.2.1 三孔电源插座的安装

三孔电源插座是指插座面板上仅设有相线孔、零线孔和接地孔三个插孔的电源插座。家装中三孔电源插座属于大功率电源插座，规格多为16A，主要用于连接空调器等大功率电器。

在实际安装操作前，首先了解三孔电源插座的特点和接线关系，如图4-8所示。

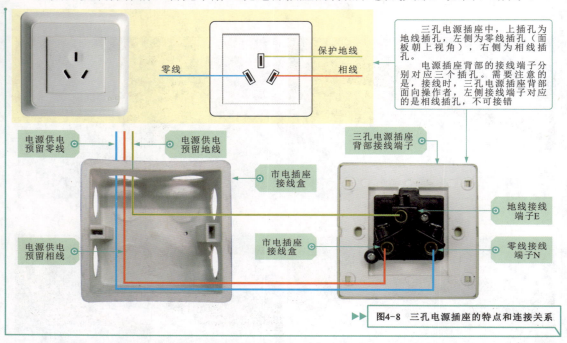

▶▶▶ 图4-8 三孔电源插座的特点和连接关系

以典型家庭空调器用三孔电源插座为例，其安装操作可以分为接线、固定与护板安装两个环节。

1 接线

接线是将三孔电源插座与电源供电预留导线连接，如图4-9所示。

▶▶▶ 图4-9 三孔电源插座连接线端处理

将三孔电源插座背部接线端子的固定螺钉拧松，并将预留插座接线盒中的三根电源线线芯对应插入三孔电源插座的接线端子内，即相线插入相线接线端子内，零线插入零线接线端子内，保护地线插入地线接线端子内，然后逐一拧紧固定螺钉，完成三孔电源插座的接线，如图4-10所示。

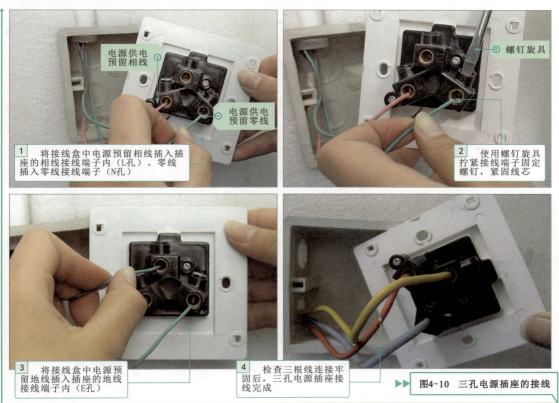

▶▶ 图4-10 三孔电源插座的接线

2 固定与护板安装

接线完成后，将连接导线合理盘绕在接线盒中，然后将三孔电源插座固定孔对准接线盒中的螺钉固定孔推入、按紧，并使用固定螺钉固定，最后将三孔电源插座的护板扣合到面板上，确认卡紧到位后，三孔电源插座安装完成，如图4-11所示。

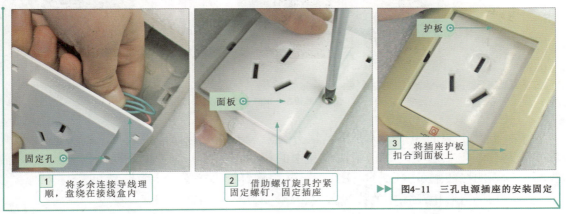

▶▶ 图4-11 三孔电源插座的安装固定

4.2.2 五孔电源插座的安装

五孔电源插座实际是两孔电源插座和三孔电源插座的组合，面板上面为平行设置的两个孔，用于为采用两孔插头电源线的电气设备供电；下面为一个三孔电源插座，用于为采用三孔插头电源线的电气设备供电。

家装中，五孔电源插座应用十分广泛，常见规格一般为10A，可为大多数家用电气设备供电，如电视机、饮水机、电冰箱、电吹风、电风扇等。

在实际安装操作前，首先了解五孔电源插座的特点和接线关系，如图4-12所示。

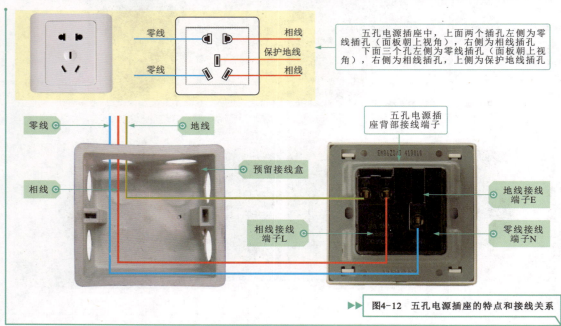

▶▶▶ 图4-12 五孔电源插座的特点和接线关系

目前，五孔电源插座面板侧为五个插孔，但背面接线端子侧多为三个插孔，这是因为大多电源插座生产厂家在生产时已经将五个插座进行相应连接，即两孔中的零线与三孔的零线连接，两孔的相线与三孔的相线连接，只引出三个接线端子即可，方便连接，如图4-13所示。

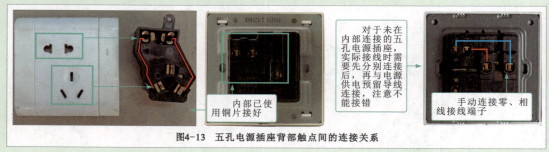

图4-13 五孔电源插座背部触点间的连接关系

了解五孔电源插座接线关系后，区分待安装五孔电源插座接线端子的类型，确保供电线路在断电状态下，将预留接线盒中的相线、零线、保护地线连接到五孔电源插座相应标识的接线端子（L、N、E）内，并用螺钉旋具拧紧固定螺钉。

图4-14为五孔电源插座的接线方法。

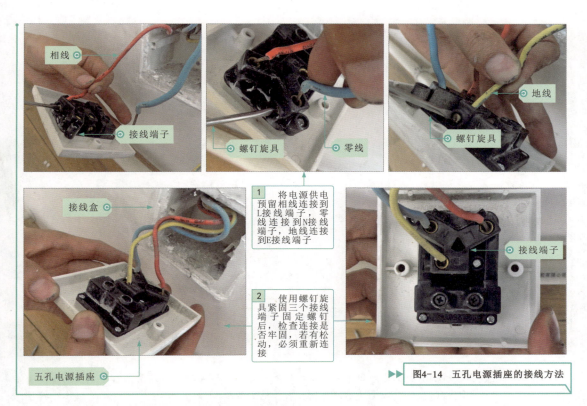

▶▶ 图4-14 五孔电源插座的接线方法

接着，将五孔电源插座固定到预留接线盒上。先将接线盒内的导线整理后盘入盒内，然后用固定螺钉紧固五孔电源插座的面板，扣好挡片或护板后，安装完成，具体操作如图4-15所示。

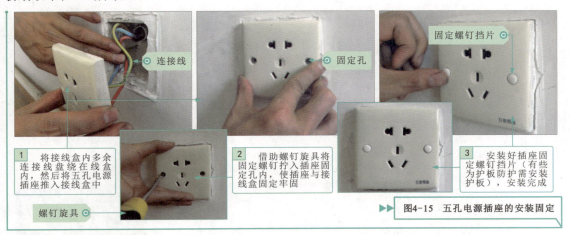

▶▶ 图4-15 五孔电源插座的安装固定

4.2.3 带开关电源插座的安装

带开关电源插座是指在插座中设有开关的电源插座。家装中，功能电源插座多应用于厨房、卫生间中。应用时，可通过开关控制电源通断，无需频繁拔插电气设备电源插头，控制方便，操作安全。

实际安装操作前，首先了解带开关电源插座的特点和接线关系，如图4-16所示。

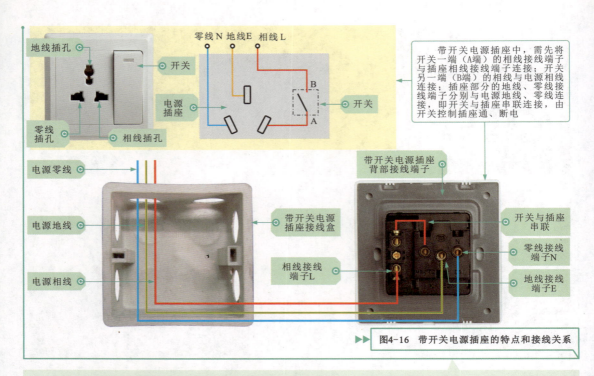

▶▶ 图4-16 带开关电源插座的特点和接线关系

带开关电源插座结构形式多样，可用一个开关同时控制一组插座的通、断电，这类功能电源插座相当于将一个开关同时与几个电源插座串联连接，在接线时需要明确区分相线、零线和地线连接端子后再进行操作，严禁错接、漏接，如图4-17所示。

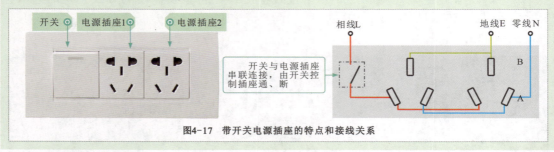

图4-17 带开关电源插座的特点和接线关系

以典型家庭用带开关电源插座为例，其安装操作分为接线与固定两个环节。

1 接线

接线前，先将开关电源插座的护板取下，并将开关与电源插座之间的接线连接完成，如图4-18所示（有些出厂已连接，则需检查连接是否牢固）。

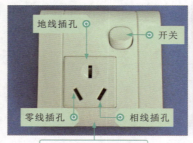

▶▶ 图4-18 带开关电源插座接线前的准备

根据接线关系图，将接线盒内预留相线与开关的相线连接端子连接；将预留零线与电源插座的零线连接端子连接；将预留地线与电源插座的地线连接端子连接，如图4-19所示。

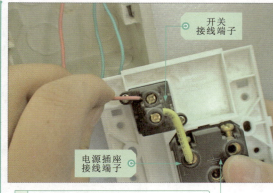
1 将剥去绝缘层的预留相线线芯穿入开关相线接线端子中，用螺钉旋具紧固

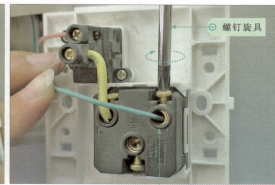
2 将剥去绝缘层的预留相线线芯穿入开关相线接线端子中，用螺钉旋具紧固

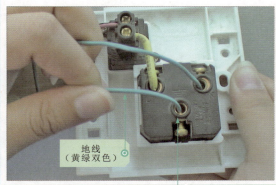
3 将预留地线线芯穿入电源插座地线接线端子（E）中，用螺钉旋具紧固
4 将所有接线端子的固定螺钉拧紧，确保无松动、松脱情况，接线完成

▶▶ 图4-19 带开关电源插座的接线

2 固定

将连接导线合理地盘绕在预留接线盒中，拧紧电源插座固定螺钉，扣好护板，安装固定完成，如图4-20所示。

1 将连接导线合理地盘绕在带开关插座的接线盒中

2 将螺钉放入插座与接线盒的固定孔中拧紧，固定插座面板

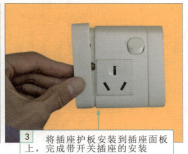
3 将插座护板安装到插座面板上，完成带开关插座的安装

▶▶ 图4-20 带开关电源插座的固定

4.3 接地装置的安装

4.3.1 接地形式和接地规范

电气设备的接地是保证电气设备正常工作及人身安全而采取的一种用电安全措施。接地是将电气设备的外壳或金属底盘与接地装置进行电气连接,利用大地作为电流回路,以便将电气设备上可能产生的漏电、静电荷和雷电电流引入地下,防止触电,保护设备安全。接地装置是由接地体和接地线组成的。其中,直接与土壤接触的金属导体称为接地体,与接地体连接的金属导线称为接地线。

图4-21为电气设备接地的保护原理。

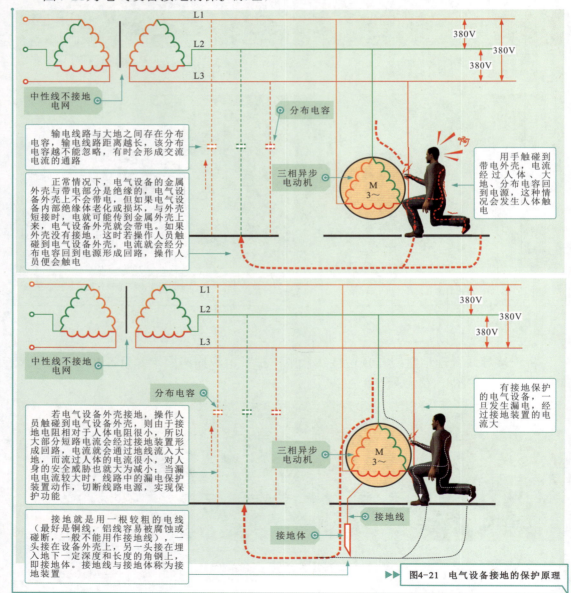

▶▶▶ 图4-21 电气设备接地的保护原理

1 电气设备的接地形式

常见电气设备的接地形式主要有保护接地、工作接地、重复接地、防雷接地、防静电接地和屏蔽接地等。图4-22为电气设备的接地形式。

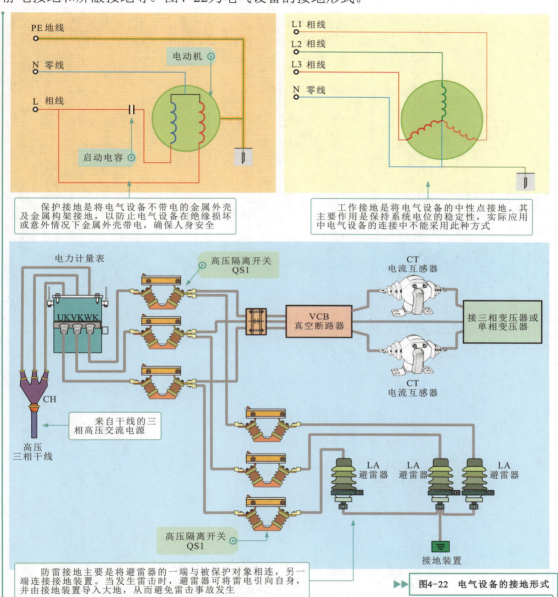

▶▶▶ 图4-22 电气设备的接地形式

重复接地是将中性线上的一点或多点再次接地。当电气设备的中性线发生断线并有相线接触设备外壳时，会使断线后所有电气设备的外壳都带有电压（接近相电压）。

防静电接地是指对静电防护有明确要求的供电设备、电气设备的外壳接地，并将其外壳直接接触防静电地板上，用于将设备外壳上聚集的静电电荷释放到大地中，实现静电的防范。

屏蔽接地是为防止电磁干扰而在屏蔽体与地或干扰源的金属外壳之间所采取的电气连接形式。屏蔽接地在广播电视、通信、雷达导航等领域应用十分广泛。

2 电气设备的接地规范

不同应用环境下的电气设备,其接地装置所要求的接地电阻也会不同,在安装接地设备时,应重点注意如图4-23所示几种特殊环境下的安装。

接地的电气设备特点	电气设备名称	接地电阻要求(Ω)
装有熔断器(25A以下)的电气设备	任何供电系统	$R \leq 10$
	高低压电气设备联合接地	$R \leq 4$
	电流、电压互感器二次线圈接地	$R \leq 10$
	电弧炉的接地	$R \leq 4$
	工业电子设备的接地	$R \leq 10$
高土壤电阻率大于500Ω·m的地区	1kV以下小电流接地系统的电气设备接地	$R \leq 20$
	发电厂和变电所接地装置	$R \leq 10$
	大电流接地系统发电厂和变电所装置	$R \leq 5$
无避雷线的架空线	小电流接地系统中水泥杆、金属杆	$R \leq 30$
	低压线路水泥杆、金属杆	$R \leq 30$
	零线重复接地	$R \leq 10$
	低压进户线绝缘子角铁	$R \leq 30$
建筑物	30 m建筑物(防直击雷)	$R \leq 10$
	30 m建筑物(防感应雷)	$R \leq 5$
	45 m建筑物(防直击雷)	$R \leq 5$
	60 m建筑物(防直击雷)	$R \leq 10$
	烟囱接地	$R \leq 30$
防雷设备	保护变电所的户外独立避雷针	$R \leq 25$
	装设在变电所架空进线上的避雷针	$R \leq 25$
	装设在变电所与母线连接的架空进线上的管形避雷器(与旋转电动机无联系)	$R \leq 10$
	装设在变电所与母线连接的架空进线上的管形避雷器(与旋转电动机有联系)	$R \leq 5$

▶▶ 图4-23 几种特殊环境下的安装

4.3.2 接地体的安装

通常，直接与土壤接触的金属导体被称为接地体。接地体有自然接地体和人工接地体两种。在应用时，应尽量选择自然接地体连接，可以节约材料和费用。在自然接地体不能利用时，再选择施工专用接地体。

1 自然接地体的安装

自然接地体包括直接与大地可靠接触的金属管道、建筑物与地连接的金属结构、钢筋混凝土建筑物的承重基础、带有金属外皮的电缆等，如图4-24所示。

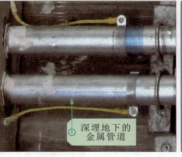
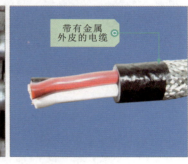

通常，包有黄麻、沥青等绝缘材料的金属管道及通有可燃气体或液体的金属管道不可作为接地体。

▶▶▶ 图4-24 几种自然接地体

在连接管道一类的自然接地体时，不能使用焊接的方式连接，应采用金属抱箍或夹头的压接方法连接，如图4-25所示。金属抱箍适用于管径较大的管道。金属夹头适用于管径较小的管道。

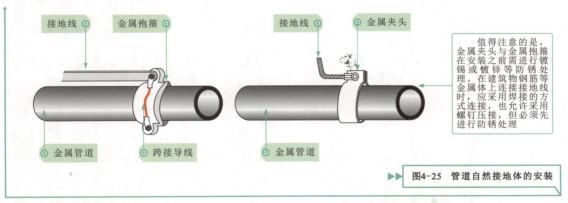

▶▶▶ 图4-25 管道自然接地体的安装

利用自然接地体时，应注意以下几点：
（1）用不少于两根导体在不同接地点与接地线相连；
（2）在直流电路中，不应利用自然接地体接地；
（3）自然接地体的接地阻值符合要求时，一般不再安装人工接地体，发电厂和变电所及爆炸危险场所除外；
（4）当同时使用自然、人工接地体时，应分开设置测试点。

2 施工专用接地体的安装

施工专用接地体应选用钢材制作,一般常用角钢和管钢作为施工专用接地体,在有腐蚀性的土壤中,应使用镀锌钢材或者增大接地体的尺寸,如图4-26所示。

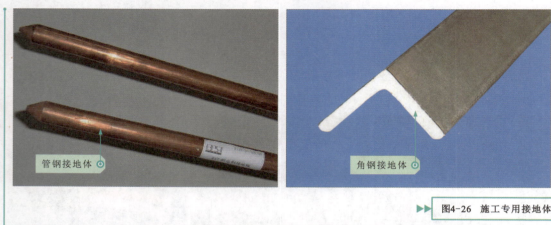

▶▶ 图4-26 施工专用接地体

在制作施工专用接地体时,首先需要选择安装的施工专用接地体,如管钢材料一般选用直径为50mm、壁厚不小于3.5mm的管材,角钢材料一般选用40mm×40mm×5mm或50mm×50mm×5mm两种规格。

接地体根据安装环境和深浅不同有水平安装和垂直安装两种方式。无论是垂直敷设安装接地体还是水平敷设安装接地体,通常都选用管钢接地体或角钢接地体。目前,施工专用接地体的安装方法通常多采用垂直安装方法。垂直敷设施工专用接地时,多采用挖坑打桩法,如图4-27所示。

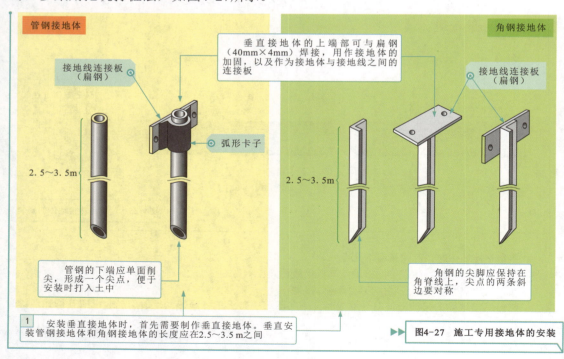

1 安装垂直接地体时,首先需要制作垂直接地体。垂直安装管钢接地体和角钢接地体的长度应在2.5~3.5m之间

▶▶ 图4-27 施工专用接地体的安装

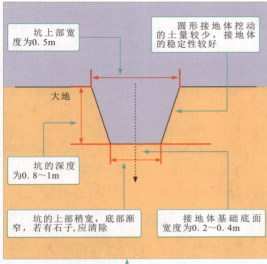

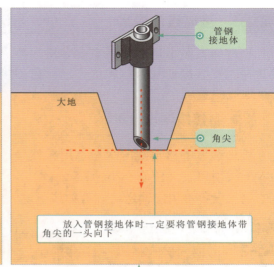

2. 安装接地体之前，需要沿着接地体的线路挖坑，以便打入接地体和敷设连接地线

3. 将制作好的管钢垂直放入挖好坑的中心位置。接地体必须埋入地下一定深度，免遭破坏

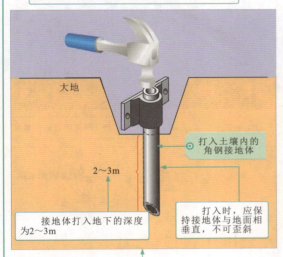

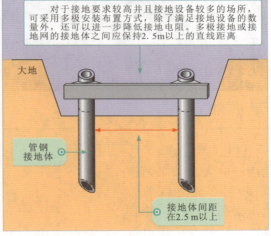

4. 采用打桩法，将放入坑内的接地体凿入土壤中。将接地体打入地下后，在其四周用土壤填入夯实，以减小接触电阻

▶▶▶ 图4-27 施工专用接地体的安装（续）

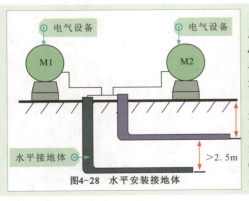

图4-28 水平安装接地体

水平安装接地体一般只适用于土层浅薄的地方，应用不广泛。制作水平接地体时，角钢厚度一般不小于4mm，横截面积不小于$48mm^2$，管钢的直径不小于8mm。水平接地体的上端部与圆钢（直径为16mm）焊接，用作接地体的加固，以及作为接地体与接地线之间的连接板。

水平接地体的一端向上弯曲成直角，便于连接。若接地线采用螺钉压接，应先钻好螺钉孔。接地体的长度依安装条件和接地装置的结构形式而定。安装水平人工接地体时，通常采用挖坑填埋法，接地体应埋入地面0.6m以下的土壤中。如果是多极接地或接地网，则接地体之间应相隔2.5m以上的直线距离，如图4-28所示。

4.3.3 接地线的安装

接地体安装好后,接下来安装接地线。接地线通常有自然接地线和施工专用接地线两种。安装接地线时,应优先选择自然接地线,其次考虑施工专用接地线,可以节约接地线的费用。

1 自然接地线的安装

接地装置的接地线应尽量选用自然接地线,如建筑物的金属结构、配电装置的构架、配线用钢管(壁厚不小于1.5mm)、电力电缆铅包皮或铝包皮、金属管道(1kV以下的电气设备可用,输送可燃液体或可燃气体的管道不得使用),如图4-29所示。

▶▶▶ 图4-29 常见的自然接地线

自然接地线与大地接触面大,如果为较多的设备提供接地,则只要增加引接点,并将所有引接点连成带状或网状,每个引接点通过接地线与电气设备连接即可,如图4-30所示。

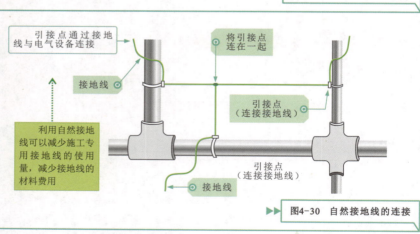

▶▶▶ 图4-30 自然接地线的连接

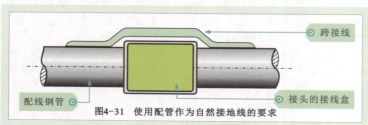

图4-31 使用配管作为自然接地线的要求

在使用配管作为自然接地线时,在接头的接线盒处应采用跨接线连接方式。当钢管直径在40mm以下时,跨接线应采用6mm直径的圆钢;当钢管直径在50mm以上时,跨接线应采用25mm×24mm的扁钢,如图4-31所示。

2 施工专用接地线的安装

施工专用接地线通常使用铜、铝、扁钢或圆钢材料制成的裸线或绝缘线,如图4-32所示。

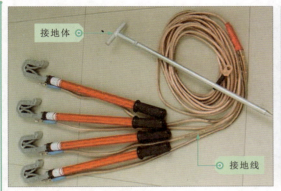
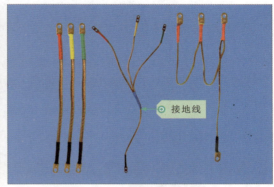

图4-32 施工专用接地线

接地干线是接地体之间的连接导线或一端连接接地体,另一端连接各接地支线的连接线。图4-33为接地体与接地干线的连接。

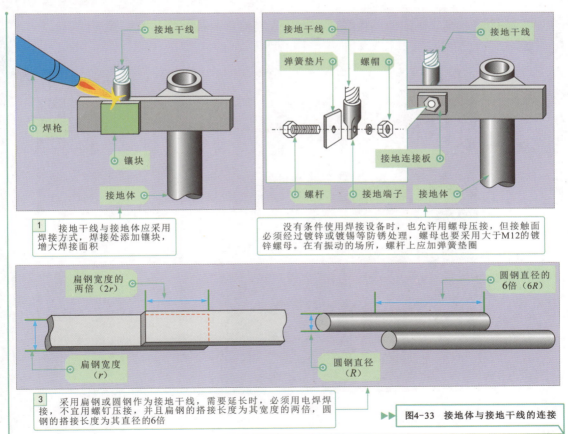

1 接地干线与接地体应采用焊接方式,焊接处添加镶块,增大焊接面积

没有条件使用焊接设备时,也允许用螺母压接,但接触面必须经过镀锌或镀锡等防锈处理,螺母也要采用大于M12的镀锌螺母。在有振动的场所,螺杆上应加弹簧垫圈

3 采用扁钢或圆钢作为接地干线,需要延长时,必须用电焊接,不宜用螺钉压接,并且扁钢的搭接长度为其宽度的两倍,圆钢的搭接长度为其直径的6倍

图4-33 接地体与接地干线的连接

用于输配电系统的工作接地线应满足下列要求：

10kV避雷器的接地支线应采用多股导线。接地干线可选用铜芯或铝芯的绝缘电线或裸线，也可使用扁钢、圆钢或多股镀锌绞线，横截面积不小于16mm²。用作避雷针或避雷线的接地线，横截面积不应小于25mm²。接地干线通常用扁钢或圆钢，扁钢横截面积不小于4mm×12mm，圆钢直径不应小于6mm。配电变压器低压侧中性点的接地线要采用裸铜导线，横截面积不小于35mm²。变压器容量在100kV·A以下时，接地线的横截面积为25mm²。不同材质的保护接地线，其类别不同，横截面积也不同，见表4-1。

表4-1 不同材质保护接地线的横截面积

材料	接地线类别	最小横截面积（mm²）	最大横截面积（mm²）
铜	移动电具引线的接地芯线	生活用：0.12	25
		生常用：1.0	
	绝缘铜线	1.5	
	裸铜线	4.0	
铝	绝缘铝线	2.5	35
	裸铝线	6.0	
扁钢	户内：厚度不小于3 mm	24.0	100
	户外：厚度不小于4 mm	48.0	
圆钢	户内：厚度不小于5 mm	19.0	100
	户外：厚度不小于6 mm	28.0	

室外接地干线与接地体连接好后，接下来连接室内接地线与室外接地线。

图4-34为室内接地干线与室外接地体的连接。

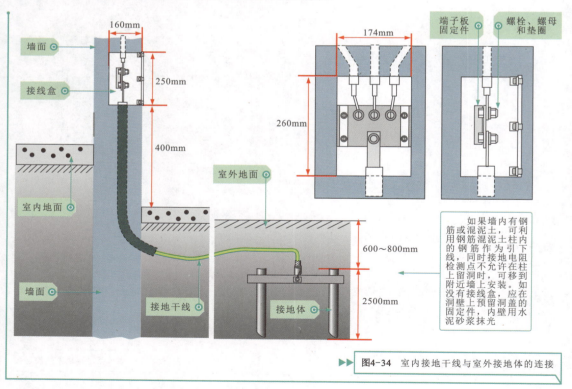

▶▶ 图4-34 室内接地干线与室外接地体的连接

室外接地干线与室内接地线连接好后,接下来安装接地支线。图4-35为接地支线的安装。

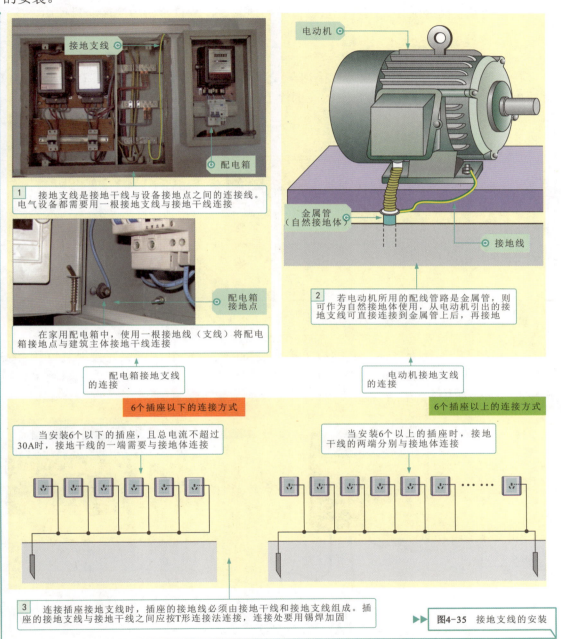

▶▶▶ 图4-35 接地支线的安装

接地支线的安装应注意以下几点:
每台设备的接地点只能用一根接地支线与接地干线单独连接。在户内容易被触及到的地方,接地支线应采用多股绝缘绞线;在户内或户外不容易被触及到的地方,应采用多股裸绞线;移动电具从插头至外壳处的接地支线,应采用铜芯绝缘软线。接地支线与接地干线或电气设备连接点的连接处,应采用接线端子。铜芯的接地支线需要延长时,要用锡焊加固。接地支线在穿墙或楼板时,应套入配管加以保护,并且应与相线和中性线区别。采用绝缘电线作为接地支线时,必须恢复连接处的绝缘层。

4.3.4 接地装置的测量验收

接地装置安装完成后,需要测量、检验接地装置,测量合格后才能交付使用。

1 接地装置的涂色

接地装置安装完毕后,应对各接地干线和支线的外露部分涂色,并在接地固定螺钉的表面涂上防锈漆,在焊接部分的表面涂上沥青漆,如图4-36所示。

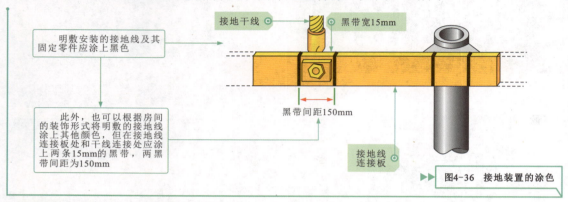

▶▶▶ 图4-36 接地装置的涂色

2 接地装置的检测

接地装置投入使用之前,必须检验接地装置的安装质量,以保证接地装置符合安装要求。检测接地装置的接地电阻是检验的重要环节。通常,使用接地电阻测量仪检测接地电阻,如图4-37所示。

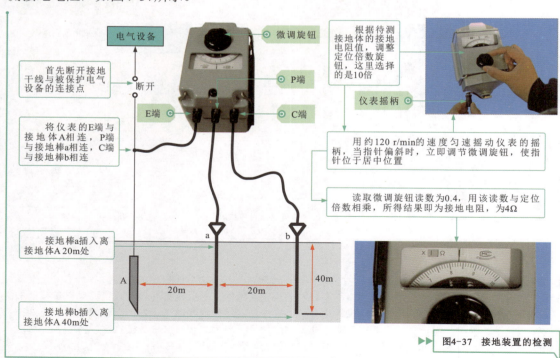

▶▶▶ 图4-37 接地装置的检测

第5章 常用低压电气部件的检测技能

5.1 开关的检测技能

5.1.1 开关的结构特点

开关是一种控制电路闭合、断开的电气部件，主要用于对自动控制系统电路发出操作指令，从而实现对供配电线路、照明线路、电动机控制线路等实用电路的自动控制。根据结构功能的不同，较常用的开关通常包含开启式负荷开关、按钮开关、位置检测开关及隔离开关等。图5-1为常见开关的实物外形。

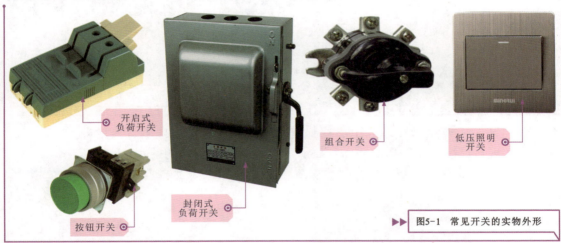

▶▶▶ 图5-1 常见开关的实物外形

开启式负荷开关又称胶盖闸刀开关，作为低压电气照明电路、建筑工地供电、农用机械供电及分支电路的配电开关等，在带负荷状态下接通或切断电源电路。开启式负荷开关按其极数的不同，主要分为两极式（250V）和三极式（380V）两种。

封闭式负荷开关又称铁壳开关，是在开启式负荷开关的基础上改进的一种手动开关，其操作性能和安全防护都优于开启式负荷开关。封闭式负荷开关通常用于额定电压小于500V、额定电流小于200A的电气设备中。封闭式负荷开关内部使用速断弹簧，保证了外壳在打开的状态下，不能进行合闸，提高了封闭式负荷开关的安全防护能力。

组合开关又称转换开关，是由多组开关构成的，是一种转动式的闸刀开关，主要用于接通或切断电路。组合开关具有体积小、寿命长、结构简单、操作方便等优点，通常在机床设备或其他的电气设备中应用比较广泛。

低压照明开关主要用于照明线路中控制照明灯的亮、灭状态。低压照明开关通常将其相关的参数信息标注在开关的背面，可以通过这些相关的标识信息将其安装在合适的环境中。

按钮开关是一种手动操作的电气开关，其触点允许通过的电流很小，因此，一般情况下，按钮开关不直接控制主电路的通、断，通常应用于控制电路中作为控制开关使用。

开关是一种控制电路闭合与断开的电气部件，其工作时主要体现在"闭合"与"断开"的两种状态上。下面我们以开启式负荷开关和按钮开关为例介绍基本的工作原理。

开启式负荷开关用于手动不频繁地接通和断开电路，其工作过程简单。手动操作该类开关的瓷柄，动静触点闭合后，电路接通；动静触点分开后，电路被切断。其工作原理如图5-2所示。

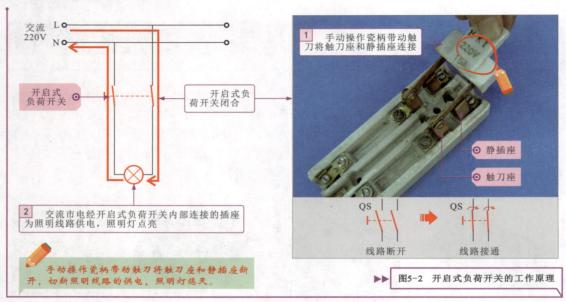

▶▶ 图5-2 开启式负荷开关的工作原理

按钮开关主要用于发出远距离控制信号或指令去控制继电器、接触器或其他负载设备，实现对控制电路的接通与断开，从而达到对负载设备的控制。

下面以典型复合式按钮开关为例介绍其工作原理，其他类型按钮开关与之相同或相似。图5-3为复合按钮开关的工作原理。

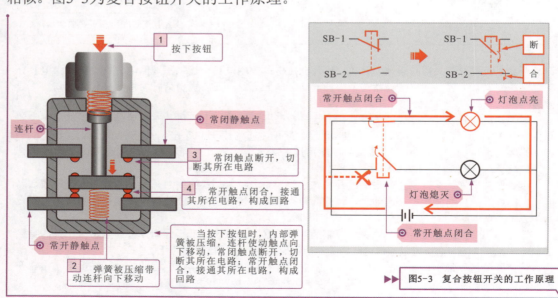

▶▶ 图5-3 复合按钮开关的工作原理

5.1.2 开关的检测技能

检测开关时，可通过外观直接判断开关性能是否正常，还可以借助万用表对其本身的性能进行检测。下面以开启式负荷开关和按钮开关为例讲述开关的检测技能。

1 开启式负荷开关的检测技能

检测开启式负荷开关时，可以采用直接观察法判断，图5-4为开启式负荷开关的检测技能。

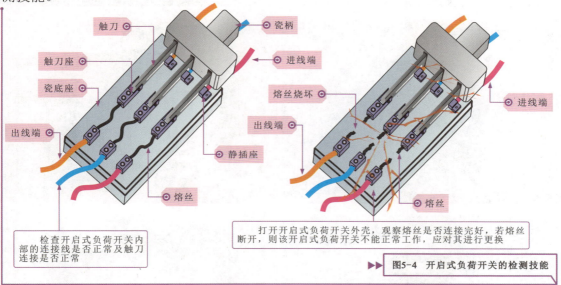

▶▶▶ 图5-4 开启式负荷开关的检测技能

2 按钮开关的检测技能

检测按钮开关时，可借助万用表检测未按下按钮时触点间的阻值是否正常，然后在按下按钮状态下，检测触点间的通断状态是否正常。

图5-5为按钮开关的检测技能。

▶▶▶ 图5-5 按钮开关的检测技能

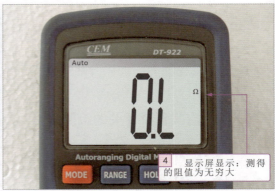

3 将万用表的两表笔分别搭在复合按钮的两个常开静触点上

常开静触点

常开静触点

4 显示屏显示：测得的阻值为无穷大

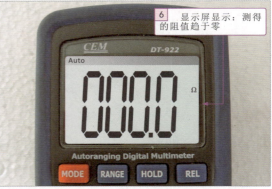

5 在按下按钮状态，将万用表的两支表笔分别搭在复合按钮的两个常开静触点上

按钮开关

常开静触点

6 显示屏显示：测得的阻值趋于零

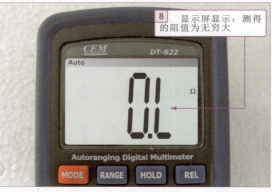

7 在按下按钮状态，将万用表的两表笔分别搭在按钮开关的两个常闭静触点上

常闭静触点

8 显示屏显示：测得的阻值为无穷大

▶▶▶ 图5-5 按钮开关的检测技能（续）

通过对按钮开关的测量可见，按下按钮后测得的两对静触点的电阻值相反，其原理是在按下按钮时，电路与常闭静触点断开，连接常开静触点。常开静触点闭合，且金属片阻值很小，趋于零；常闭静触点断路，故阻值为无穷大。若经上述步骤测得的电阻值不符，可使用螺丝刀拆开按钮开关检查其静触点是否有脏污或损坏。若脏污，应清理污物。若损坏，应更换新按钮。若按下复合按钮后不能弹起，应检查其内部弹簧是否损坏。若损坏，应更换弹簧或新按钮。图5-6为按钮开关内部的检查。

弹簧

弹簧

图5-6 按钮开关内部的检查

5.2 过载保护器的检测技能

5.2.1 过载保护器的结构特点

过载保护器是指对其所应用电路在发生过电流、过热或漏电等情况下能自动实施保护功能的器件，一般采取自动切断线路实现保护功能。根据结构和原理不同，保护器主要可分为熔断器和断路器两大类。图5-7为过载保护器的实物外形。

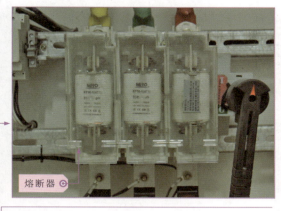

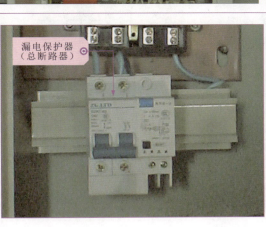

▶▶ 图5-7 过载保护器的实物外形

熔断器是应用在配电系统中的过载保护器件。当系统正常工作时，熔断器相当于一根导线，起通路作用；当通过熔断器的电流大于规定值时，熔断器会使自身的熔体熔断而自动断开电路，从而对线路上的其他电器设备起保护作用。

断路器是一种切断和接通负荷电路的开关器件，该器件具有过载自动断路保护的功能。根据其应用场合主要可分为低压断路器和高压断路器。

熔断器通常串接在电源供电电路中，当电路中的电流超过熔断器允许值时，熔断器会自身熔断，从而使电路断开，起到保护的作用。图5-8为典型熔断器的工作原理示意图。

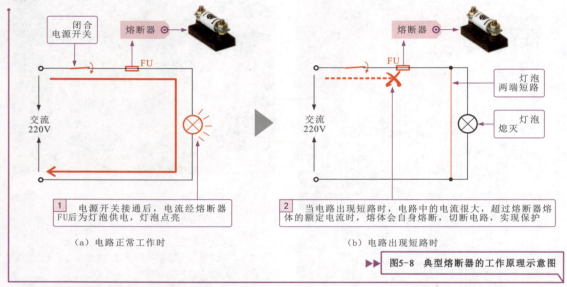

▶▶▶ 图5-8 典型熔断器的工作原理示意图

由图可知，熔断器串联在被保护电路中，当电路出现过载或短路故障时，通过熔断器切断电路进行保护。例如，当灯泡之间由于某种原因而被导体连在一起时，电源被短路，电流由短路的捷径可通过，不再流过灯泡，此时回路中仅有很小的电源内阻，使电路中的电流很大，流过熔断器的电流也很大，这时熔断器会自身熔断，切断电路，进行保护。

断路器是一种具有过载保护功能的电源供电开关。图5-9为典型断路器在通断两种状态下的工作示意图。

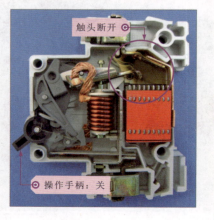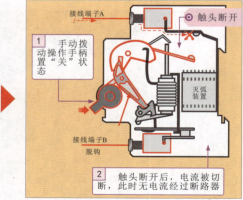

▶▶▶ 图5-9 典型断路器在通断两种状态下的工作示意图

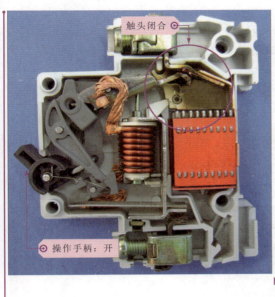
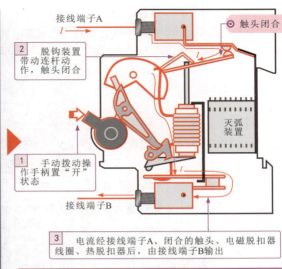

▶▶ 图5-9 典型断路器在通断两种状态下的工作示意图（续）

当手动控制操作手柄使其位于"接通"（"ON"）状态时，触头闭合，操作手柄带动脱钩动作，连杆部分则带动触头动作，触头闭合，电流经接线端子A、触头、电磁脱扣器、热脱扣器后，由接线端子B输出。

当手动控制操作手柄使其位于"断开"（"OFF"）状态时，触头断开，操作手柄带动脱钩动作，连杆部分则带动触头动作，触头断开，电流被切断。

5.2.2 过载保护器的检测技能

根据上文的学习及对过载保护器的认识，下面我们选取比较典型的保护器为例对过载保护器进行检测。

1 熔断器的检测技能

熔断器的种类多样，但是检测方法基本都是相同的。下面就以插入式熔断器为例介绍熔断器的检测方法。在检测插入式熔断器时，可以采用万用表检测其电阻的方法判断其好坏，如图5-10所示。

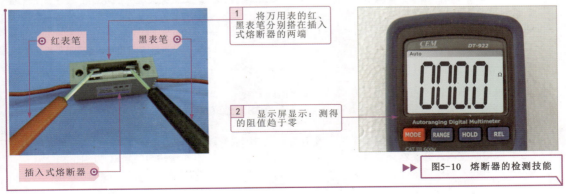

▶▶ 图5-10 熔断器的检测技能

判断低压熔断器的好坏：若测得插入式熔断器的阻值很小或趋于零，则表明该低压熔断器正常；若测得插入式熔断器的阻值为无穷大，则表明该插入式熔断器内部的熔丝已熔断。

2 断路器的检测技能

断路器的种类多样，但是检测基本是相同的。下面以带漏电保护断路器为例介绍断路器的检测方法。检测断路器前，首先观察断路器表面标识的内部结构图，判断各引脚之间的关系，通过操作手柄可以实现带漏电保护的断路器的闭合和断开。图5-11为带漏电保护断路器的检测方法。

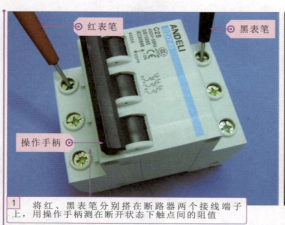

1 将红、黑表笔分别搭在断路器两个接线端子上，用操作手柄测在断开状态下触点间的阻值

2 在正常情况下，万用表测得断路器的两触点在断开状态下时，其电阻值应为无穷大

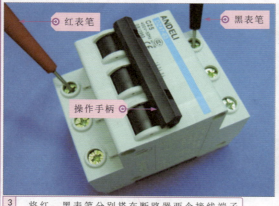

3 将红、黑表笔分别搭在断路器两个接线端子上，用操作手柄测闭合状态下触点间的阻值

4 在正常情况下，万用表测得断路器的两触点在闭合状态下时，其电阻值应为0Ω

▶▶▶ 图5-11 带漏电保护断路器的检测方法

通常检修断路器时还可通过下列方法判断断路器的好坏：
①若测得断路器的各组开关在断开状态下，其阻值均为无穷大，在闭合状态下，均为零，则表明该断路器正常；
②若测得断路器的开关在断开状态下，其阻值为零，则表明断路器内部触点粘连损坏。
③若测得断路器的开关在闭合状态下，其阻值为无穷大，则表明断路器内部触点断路损坏。
④若测得断路器内部的各组开关有任何一组损坏，均说明该断路器损坏。

5.3 接触器的检测技能

5.3.1 接触器的结构特点

接触器是一种由电压控制的开关装置，适用于远距离频繁地接通和断开交直流电路的系统中。它属于一种控制类器件，是电力拖动系统、机床设备控制线路、自动控制系统中使用最广泛的低压电器之一。根据触点通过电流的种类，接触器主要可分为交流接触器和直流接触器两类，如图5-12所示。

▶▶▶ 图5-12 接触器的实物外形

交流接触器是一种应用于交流电源环境中的通断开关，目前在各种控制线路中应用最为广泛，具有欠电压、零电压释放保护、工作可靠、性能稳定、操作频率高、维护方便等特点。该接触器作为一种电磁开关，其内部主要是由控制线路通与分断的主、辅触点及电磁线圈、静动铁芯等构成的。一般情况下，拆开接触器的塑料外壳即可看到内部的基本结构组成。其中，静/动铁芯、电磁线圈、主辅触点为接触器内部的核心部分，如图5-13所示。

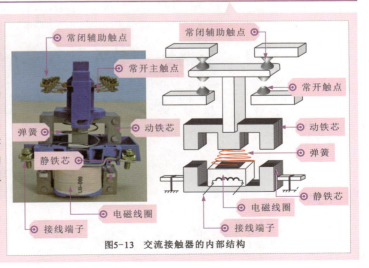

图5-13 交流接触器的内部结构

直流接触器是一种应用于直流电源环境中的通断开关，也具有低电压释放保护、工作可靠、性能稳定等特点。该接触器内部通常由电磁线圈、触点等构成，如图5-14所示。

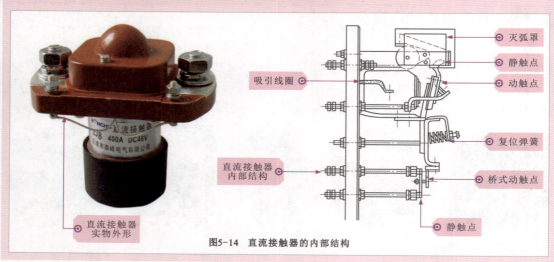

图5-14 直流接触器的内部结构

交流接触器和直流接触器的结构虽有不同，但其工作原理和控制方式基本相同，都是通过线圈得电，控制常开触点闭合，常闭触点断开；线圈失电，控制常开触点复位断开，常闭触点复位闭合。

交流接触器中主要包括线圈、衔铁和触点几部分。在线圈得电状态下，上下两块衔铁磁化相互吸合，衔铁动作带动触点动作，常开触点闭合，常闭触点断开。图5-15为接触器的工作过程。

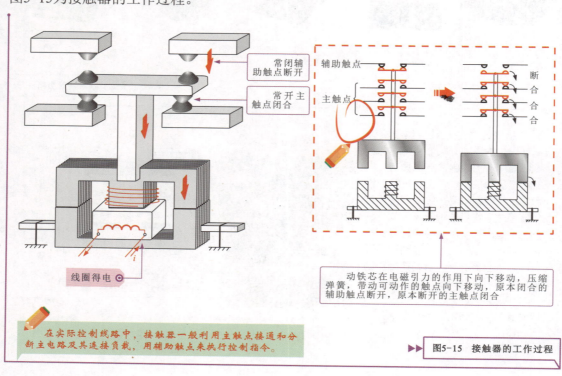

在实际控制线路中，接触器一般利用主触点接通和分断主电路及其连接负载，用辅助触点来执行控制指令。

▶▶ 图5-15 接触器的工作过程

5.3.2 接触器的检测技能

根据上文的学习及对接触器的认识可知,接触器有交流和直流两种,具体的检测方法基本相同。下面以典型交流接触器为例介绍接触器的检测技能。

图5-16为交流接触器的检测方法。

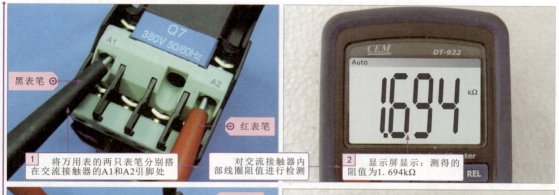

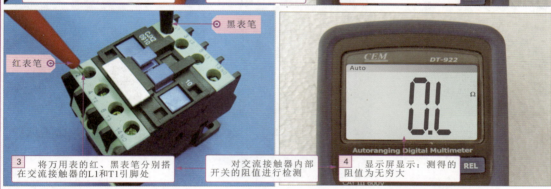

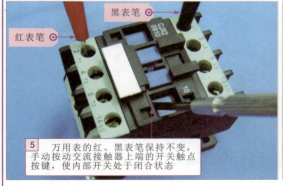
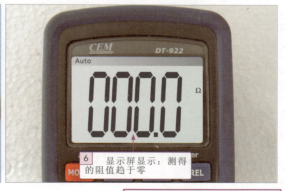

▶▶▶ 图5-16 交流接触器的检测方法

使用同样的方法再将万用表的两表笔分别搭在L2和T2、L3和T3、N0端引脚处,对其开关的闭合与断开状态进行检测。当交流接触器内部线圈通电时,会使内部开关触点吸合;当内部线圈断电时,内部触点断开。因此,对该交流接触器进行检测时,需依次对其内部线圈阻值及内部开关在开启与闭合状态时的阻值进行检测。由于是断电检测交流接触器的好坏,因此需要按动交流接触器上端的开关触点按键,强制将触点闭合检测。

5.4 继电器的检测技能

5.4.1 继电器的结构特点

继电器是一种根据外界输入量（电、磁、声、光、热）来控制电路"接通"或"断开"的电气控制器件，当输入量的变化达到规定要求时，在电气输出电路中，控制量发生预定的跃阶变化。其输入量可以是电压、电流等电量，也可以是非电量，如温度、速度、压力等，输出量则是触头的动作。

常见的继电器主要是有电磁继电器、时间继电器、热继电器等。其中，电磁继电器通常用于自动控制系统中。它实际上是用较小的电流或电压去控制较大的电流或电压的一种自动开关，在电路中起到自动调节、保护和转换电路的作用。图5-17为典型电磁继电器的外形及特点。

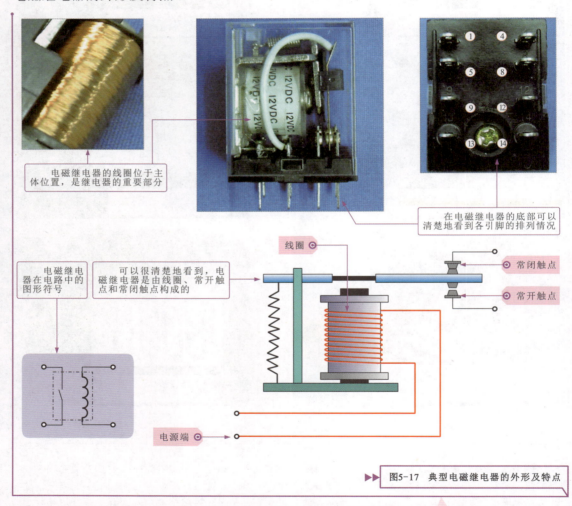

▶▶ 图5-17 典型电磁继电器的外形及特点

不同厂家、不同型号电磁继电器的外形不同，但主要的构成部分及内部结构基本相同，一般是由线圈、触点和触点引脚等构成的。

时间继电器是一种延时或周期性定时接通、切断某些控制电路的继电器，通常有多个引脚。图5-18为典型时间继电器的外形及特点。

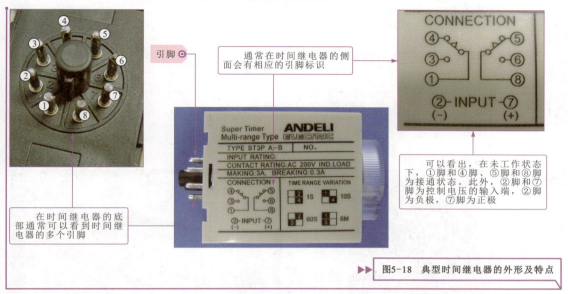

▶▶ 图5-18 典型时间继电器的外形及特点

热继电器(热过载继电器)是利用电流的热效应原理实现过热保护的一种继电器，是一种电气保护元件。它是利用电流的热效应来推动动作机构使触头闭合或断开，多用于电动机的过载保护、断相保护、电流不平衡保护。图5-19为典型热继电器的外形及特点。

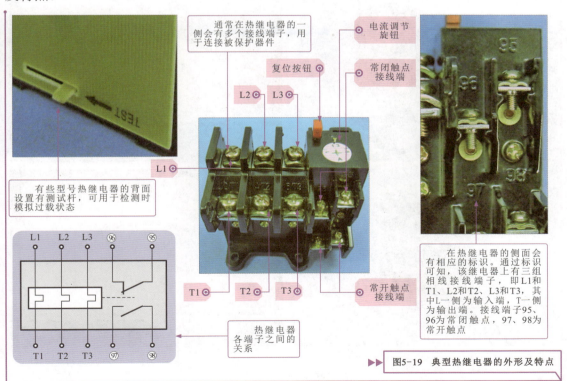

▶▶ 图5-19 典型热继电器的外形及特点

5.4.2 继电器的检测技能

检测继电器时，可借助万用表检测继电器引脚间的阻值是否正常。下面以电磁继电器和热继电器为例介绍具体的检测方法。

1 电磁继电器的检测技能

检测电磁继电器是否正常时，主要是对各触点间的电阻值和线圈的电阻值进行检测。正常情况下，常闭触点间的电阻值为0Ω，常开触点间的电阻值为无穷大，线圈应有一定的电阻值。图5-20为电磁继电器的检测技能。将万用表调至"×10"欧姆挡，对电磁继电器线圈和触点的电阻值进行检测。

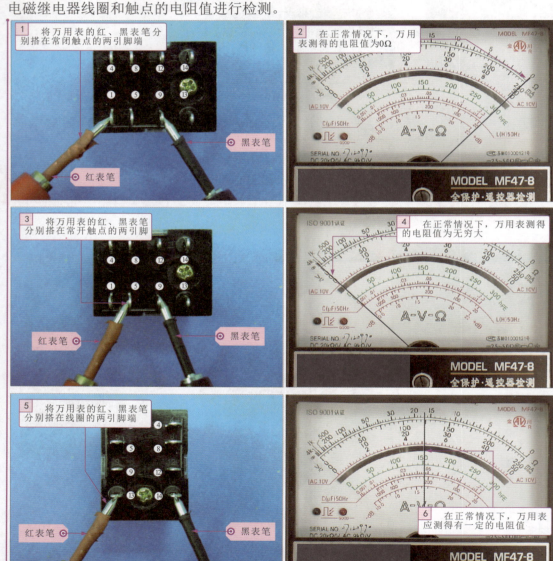

图5-20 电磁继电器的检测技能

2 热继电器的检测技能

检测热继电器是否正常时，主要是在正常环境下和过载环境下检测触点间的阻值变化情况。

首先，检测热继电器在正常状态下的触点电阻值，即检测常闭触点、常开触点间的电阻值在不同状态下是否正常。图5-21为正常环境下热继电器的检测技能，将万用表的量程调至"R×1"欧姆挡，进行零欧姆校正后，对触点间的电阻值进行检测。

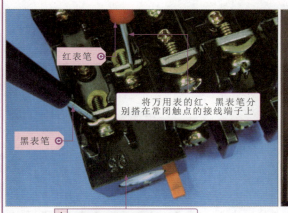

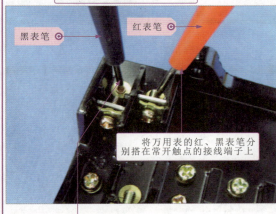

▶▶▶ 图5-21 正常环境下热继电器的检测技能

由前文可知，热继电器接线端子L1、L2、L3分别与T1、T2、T3相连，用于连接被保护器件，正常情况下，相对应端子间的电阻值应接近0Ω。若对应接线端子间的电阻值为无穷大，则表明该组接线端子间有断路故障。

若在正常环境下热继电器两个引出接线端子间的电阻值正常，则还需要进一步在过载状态下检测热继电器两个引出接线端子间的电阻值是否正常。

图5-22为模拟过载环境下热继电器的检测技能，将万用表调至"R×1"欧姆挡，进行零欧姆校正后，检测两个引出接线端子间的电阻值。

用手拨动测试杆，使热继电器处于模拟过载环境下，再次对常开触点、常闭触点间的电阻值进行检测

测试杆

当热继电器处于模拟过载状态下时，常开触点间的电阻值应为0Ω，常闭触点间的点阻值应为无穷大

红表笔

将万用表的红、黑表笔分别搭在常闭触点的接线端子上

黑表笔

1　按下测试杆后，再次使用万用表检测热继电器常闭触点间的电阻值

2　正常情况下，在按下测试杆后，万用表测得热继电器常闭触点间的电阻值为无穷大

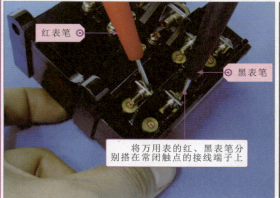

红表笔

黑表笔

将万用表的红、黑表笔分别搭在常闭触点的接线端子上

3　按下测试杆后，再次使用万用表检测热继电器常开触点间的电阻值

4　正常情况下，在按下测试杆后，万用表测得热继电器常开触点间的电阻值为0Ω

▶▶ 图5-22　模拟过载环境下热继电器的检测技能

根据以上检测可知：正常情况下，测得热继电器常闭触点的电阻值为0Ω；常开触点的电阻值为无穷大；用手拨动热过载继电器中的测试杆，在模拟过载环境下，对该继电器进行检测，此时测得常闭触点间的电阻值应为无穷大，然后将红、黑表笔分别搭在常开触点上，测得电阻值应为0Ω。若测得的电阻值偏差较大，则可能是热继电器本身损坏。

第6章 变压器与电动机的检测技能

6.1 变压器的检测技能

6.1.1 变压器的结构特点

变压器是一种利用电磁感应原理制成的,是可以传输、改变电能或信号的功能部件,主要用来提升或降低交流电流、变换阻抗等。变压器的应用十分广泛,供配电线路、电气设备及电子设备等均会用到变压器设备,在电路中可传输交流电,起到电压变换、电流变化、阻抗变换或隔离等作用。图6-1为典型变压器的实物外形。变压器的分类方式很多,根据电源相数的不同,可分为单相变压器和三相变压器。

▶▶ 图6-1 典型变压器的实物外形

在远距离传输电力时,可使用变压器将发电站送出的电压升高,以减少在电力传输过程中的损失,在用电的地方,变压器将高压降低,以供用电设备和用户使用。

变压器是将两组或两组以上的线圈绕制在同一个线圈骨架上或绕在同一铁芯上制成的。通常,与电源相连的线圈称为初级绕组,其余的线圈称为次级绕组。

图6-2为变压器的结构及电路图形符号。

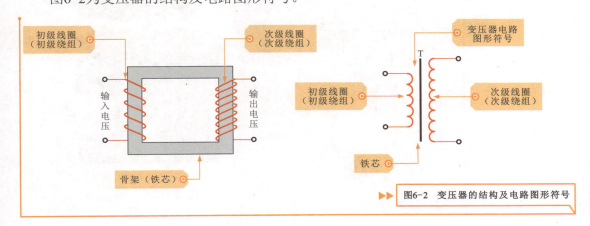

▶▶ 图6-2 变压器的结构及电路图形符号

1 单相变压器的结构特点

单相变压器是一种初级绕组为单相绕组的变压器。单相变压器的初级绕组和次级绕组均缠绕在铁芯上，初级绕组为交流电压输入端，次级绕组为交流电压输出端。次级绕组的输出电压与线圈的匝数成正比。图6-3为单相变压器的结构特点。

图6-3 单相变压器的结构特点

2 三相变压器的结构特点

三相变压器是电力设备中应用比较多的一种变压器。三相变压器实际上是由3个相同容量的单相变压器组合而成的。初级绕组（高压线圈）为三相，次级绕组（低压线圈）也为三相。

三相变压器和单相变压器的内部结构基本相同，均由铁芯（器身）和绕组两部分组成。绕组是变压器的电路，铁芯是变压器的磁路，二者构成变压器的核心，即电磁部分。三相电力传输变压器的内部有六组绕组。图6-4为三相变压器的结构特点。

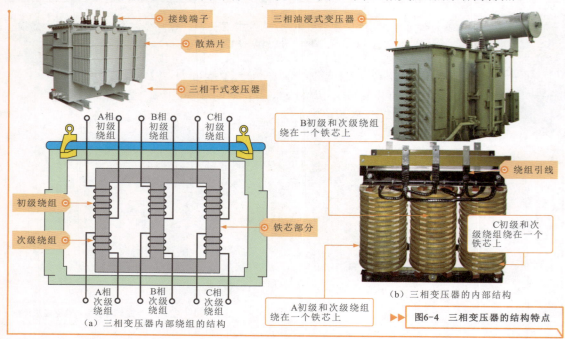

图6-4 三相变压器的结构特点

6.1.2 变压器的工作原理

单相变压器可将高压供电变成单相低压供各种设备使用，如可将交流6600V高压经单相变压器变为交流220V低压，为照明灯或其他设备供电。单相变压器具有结构简单、体积小、损耗低等优点，适宜在负荷较小的低压配电线路（60 Hz以下）中使用。

图6-5为单相变压器的功能示意图。

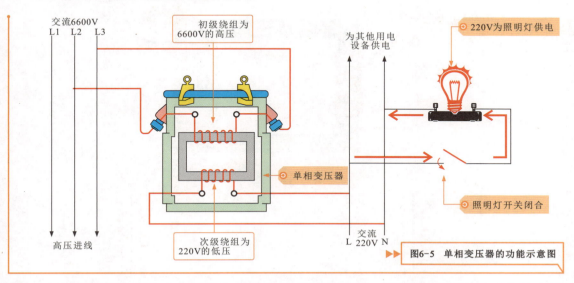

▶▶▶ 图6-5 单相变压器的功能示意图

三相变压器主要用于三相供电系统中的升压或降压，常用的就是将几千伏的高压变为380V的低压，为用电设备提供动力电源。图6-6为三相变压器的功能示意图。

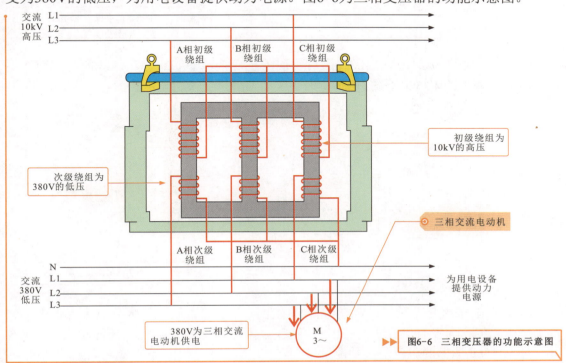

▶▶▶ 图6-6 三相变压器的功能示意图

变压器是利用电感线圈靠近时的互感原理，将电能或信号从一个电路传向另一个电路。变压器是变换电压的器件，提升或降低交流电压是变压器的主要功能。

图6-7为变压器的电压变换功能示意图。

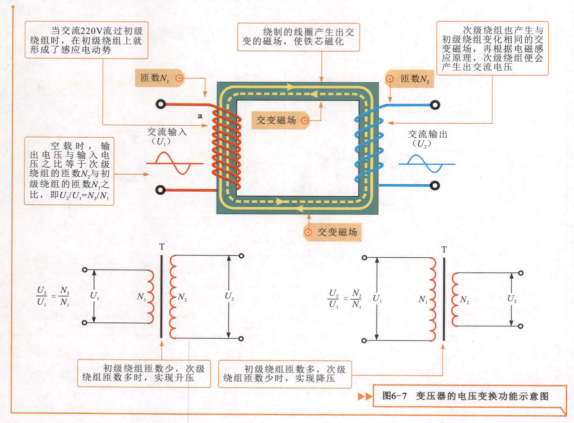

▶▶ 图6-7 变压器的电压变换功能示意图

变压器通过初级线圈、次级线圈可实现阻抗变换，即初级与次级线圈的匝数比不同，输入与输出的阻抗也不同。图6-8为变压器的阻抗变换功能示意图。

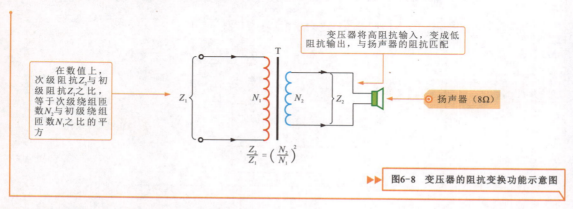

▶▶ 图6-8 变压器的阻抗变换功能示意图

根据变压器的变压原理，其初级部分的交流电压是通过电磁感应原理"感应"到次级绕组上的，而没有进行实际的电气连接，因而变压器具有电气隔离的功能。

图6-9为变压器的电气隔离功能示意图。

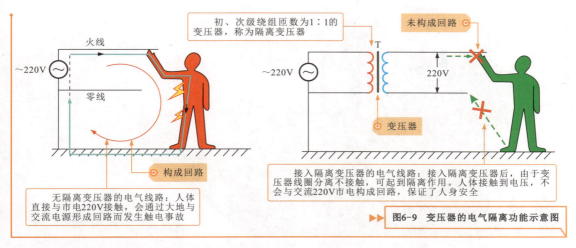

▶▶ 图6-9 变压器的电气隔离功能示意图

通过改变变压器初级和次级绕组的接法，可以很方便地将变压器输入信号的相位倒相。图6-10为变压器的相位变换功能示意图。

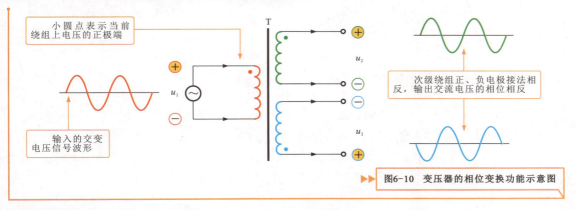

▶▶ 图6-10 变压器的相位变换功能示意图

6.1.3 变压器的检测方法

检测变压器时，可先对待测变压器的外观进行检查，看是否损坏，确保无烧焦、引脚无断裂等，如有上述情况，则说明变压器已经损坏。接着借助万用表、兆欧表等检测仪表，对变压器的绝缘电阻和绕组间的电阻进行检测，确定变压器是否正常。

1 变压器绝缘电阻的检测

检测变压器的绝缘电阻时，可借助兆欧表检测。通常，变压器的绝缘电阻值不应低于出厂时标准值的70%。检测电力变压器的绝缘电阻时，需将兆欧表的一根测试线接到电力变压器的套管导线（高压侧或低压侧）上，另一根接到电力变压器的外壳上，测量时，以120r/min的速度顺时针摇动兆欧表的摇杆，此时兆欧表刻度盘上所指示的电阻数值便是电力变压器的绝缘电阻值。图6-11为电力变压器绝缘电阻的检测技能。

电力变压器绝缘电阻的检测主要有三组，即初级绕组与次级绕组之间、初级绕组与外壳之间、次级绕组与外壳之间，检测时的绝缘电阻值应大于500MΩ，若绝缘电阻值较小，则说明变压器绝缘性能不良，本身已经损坏。

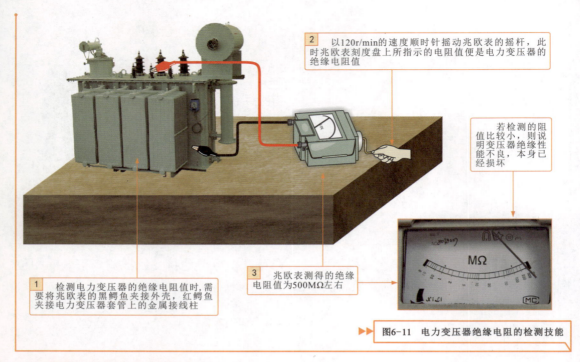

▶▶▶ 图6-11 电力变压器绝缘电阻的检测技能

2 变压器绕组间电阻的检测

检测变压器各绕组之间的电阻值，可直接判断各绕组间是否有断路或短路的情况。首先使用万用表检测变压器初级绕组之间的阻值，用两只表笔分别搭在初级绕组的三个引脚上。正常情况下，可以测得三组数值，即A相和B相之间、A相和C相之间及B相和C相之间。图6-12为典型变压器初组绕组间电阻的检测技能。

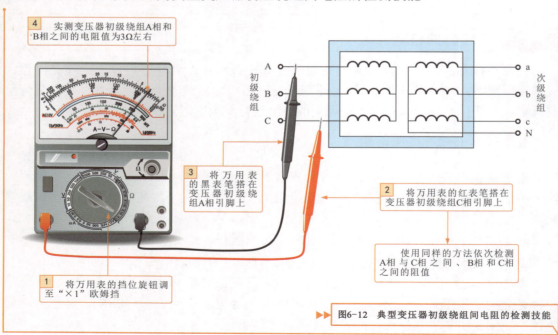

▶▶▶ 图6-12 典型变压器初级绕组间电阻的检测技能

正常情况下，测得电力变压器初级绕组A相和B相之间、A相和C相之间及B相和C相之间的电阻值为3Ω左右，如图6-13所示。若测得的阻值为无穷大，则说明初级绕组间有断路的故障。

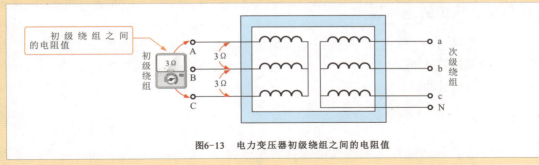

图6-13 电力变压器初级绕组之间的电阻值

对变压器次级绕组之间的阻值检测与初级绕组相同。除了检测相间阻值，还应对各相与零线之间的阻值进行检测，检测时将万用表调至电阻挡，将黑表笔搭在零线（N）端，红表笔分别搭在次级绕组各个引线上。图6-14为典型变压器次级绕组间电阻的检测技能。

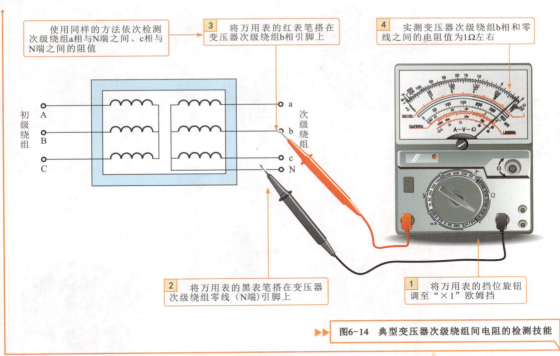

图6-14 典型变压器次级绕组间电阻的检测技能

正常情况下，电力变压器次级绕组各个引线（a相、b相、c相）与零线（N端）之间的阻值应小于1Ω（次级绕组线圈较少），若出现无穷大的情况，则说明电力变压器次级绕组有断路的情况。

如对变压器进行检修时，还应注意检测以下几点：

● 检测变压器的耐压试验。正常工作电压在1.5kV以下时耐压不低于25kV；工作电压在20~25kV之间时耐压不低于35kV。

● 检测变压器调压装置及分接开关等器件，并转动调压装置，看操作是否灵活，触点是否紧固等，且接触点之间的电阻不应大于0.1MΩ。

6.2 电动机的检测技能

6.2.1 电动机的结构特点

电动机是一种利用电磁感应原理将电能转换为机械能的动力部件，广泛应用于电气设备、控制线路或电子产品中。按照电动机供电类型不同，可将电动机分为直流电动机和交流电动机两大类。

1 直流电动机的结构特点

直流电动机是通过直流电源（电源具有正负极之分）供给电能，并将电能转变为机械能的一类电动机。该类电动机广泛应用于电动产品中。

目前，常见的直流电动机可分为有刷直流电动机和无刷直流电动机。这两种直流电动机的外形相似，主要通过内部是否包含电刷和换向器进行区分。

图6-15为常见直流电动机的实物外形。

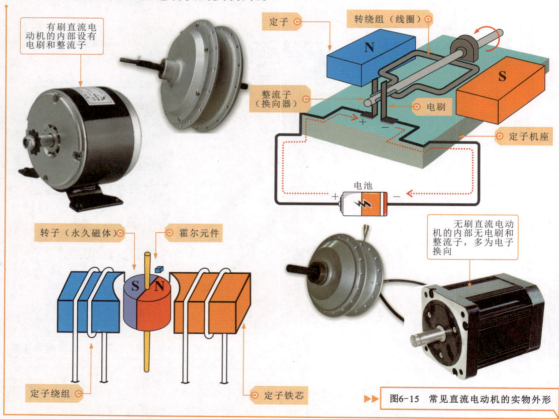

▶▶ 图6-15 常见直流电动机的实物外形

有刷直流电动机的定子是永磁体，转子由绕组线圈和整流子构成。电刷安装在定子机座上，电源通过电刷及整流子（换向器）实现电动机绕组（线圈）中电流方向的变化；无刷直流电动机将绕组（线圈）安装在不旋转的定子上，由定子产生磁场驱使转子旋转。转子由永久磁体制成，不需要为转子供电，因此省去了电刷和整流子（换向器），转子磁极受到定子磁场的作用即会转动。

2 交流电动机的结构特点

　　交流电动机是通过交流电源供给电能，并可将电能转变为机械能的一类电动机。交流电动机根据供电方式不同，可分为单相交流电动机和三相交流电动机。

　　图6-16为常见交流电动机的实物外形。

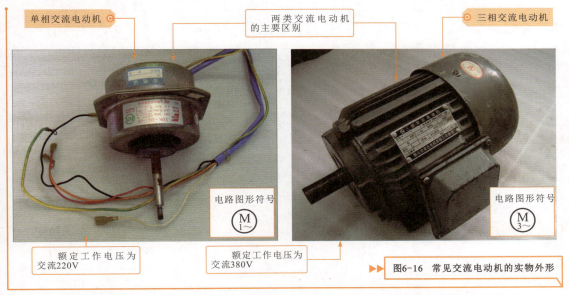

▶▶▶ 图6-16　常见交流电动机的实物外形

　　电动机的主要功能是实现电能向机械能的转换，即将供电电源的电能转换为电动机转子转动的机械能，最终通过转子上转轴的转动带动负载转动，实现各种传动功能。图6-17为电动机的基本功能示意图。

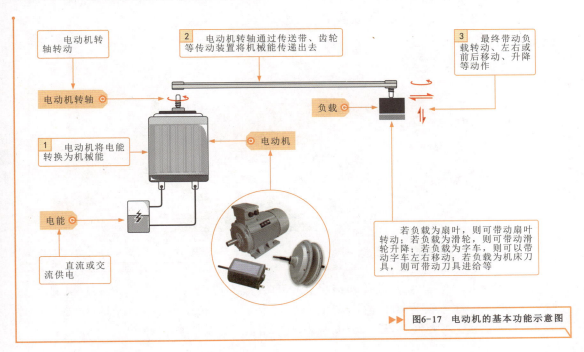

▶▶▶ 图6-17　电动机的基本功能示意图

6.2.2 电动机的工作原理

电动机是将电能转换成机械能的电气部件，不同的供电方式，具体的工作原理也有所不同。下面以典型直流电动机和交流电动机为例，介绍一下电动机的工作原理。

1 直流电动机的工作原理

根据前文可知，直流电动机可分为有刷直流电动机和无刷直流电动机。有刷直流电动机工作时，绕组和换向器旋转，主磁极（定子）和电刷不旋转，直流电源经电刷加到转子绕组上，绕组电流方向的交替变化是随电动机转动的换向器及与其相关的电刷位置变化而变化的。图6-18为典型有刷直流电动机的工作原理。

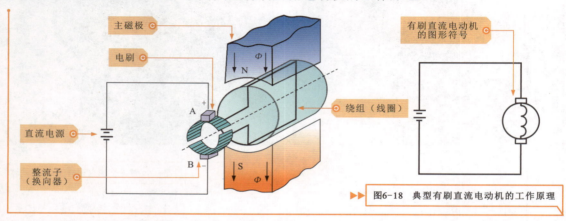

图6-18 典型有刷直流电动机的工作原理

无刷直流电动机的转子由永久磁钢构成，圆周设有多对磁极（N、S），绕组绕制在定子上，当接通直流电源时，电源为定子绕组供电，磁钢受到定子磁场的作用而产生转矩并旋转。图6-19为典型无刷直流电动机的工作原理。

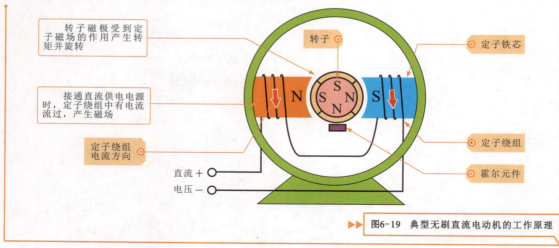

图6-19 典型无刷直流电动机的工作原理

无刷直流电动机定子绕组必须根据转子的磁极方位切换其中的电流方向才能使转子连续旋转，因此，在无刷直流电动机内必须设置一个转子磁极位置的传感器，这种传感器通常采用霍尔元件。图6-20为典型霍尔元件的工作原理。

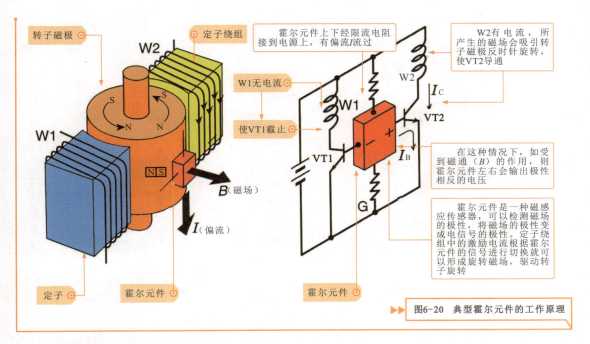

▶▶ 图6-20 典型霍尔元件的工作原理

2 交流电动机的工作原理

图6-21为典型交流同步电动机的工作原理。电动机的转子是一个永磁体，具有N、S磁极，当该转子置于定子磁场中时，定子磁场的磁极n吸引转子磁极S，定子磁极s吸引转子磁极N。如果此时使定子磁极转动，则由于磁力的作用，转子会同定子磁场同步转动。

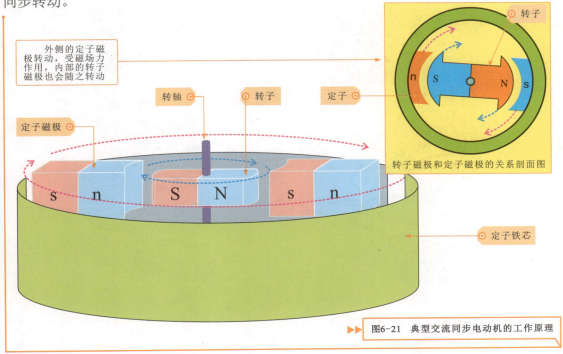

▶▶ 图6-21 典型交流同步电动机的工作原理

若三相绕组用三相交流电源代替永磁磁极，则定子绕组在三相交流电源的作用下会形成旋转磁场，定子本身不需要转动，同样可以使转子跟随磁场旋转。图6-22为典型交流同步电动机的驱动原理。

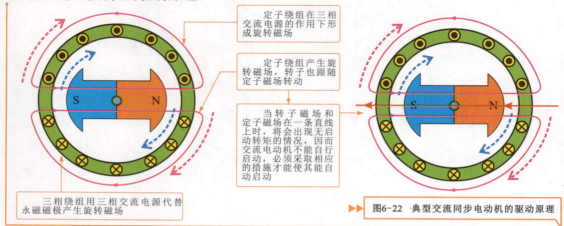

▶▶▶ 图6-22 典型交流同步电动机的驱动原理

图6-23为单相交流异步电动机的工作原理，交流电源加到电动机的定子线圈中，使定子磁场旋转，从而带动转子旋转，最终实现将电能转换成机械能。可以看到，单相交流异步电动机将闭环的线圈（绕组）置于磁场中，交变的电流加到定子绕组中，所形成的磁场是变化的，闭环的线圈受到磁场的作用会产生电流，从而产生转动力矩。

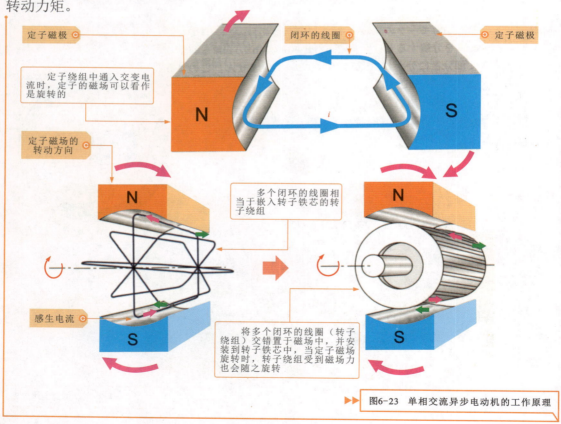

▶▶▶ 图6-23 单相交流异步电动机的工作原理

单相交流电是一种频率为50Hz的正弦交流电。如果电动机定子只有一个运行绕组，则当单相交流电加到电动机的定子绕组上时，定子绕组就会产生交变的磁场。该磁场的强弱和方向是随时间按正弦规律变化的，但在空间上是固定的。

三相交流异步电动机在三相交流供电的条件下工作。图6-24为三相交流异步电动机的工作原理。三相交流异步电动机的定子是圆筒形的，套在转子的外部，电动机的转子是圆柱形的，位于定子的内部。三相交流电源加到定子绕组中，由定子绕组产生的旋转磁场使转子旋转。

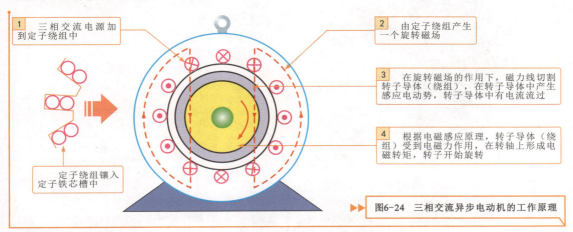

图6-24 三相交流异步电动机的工作原理

三相交流异步电动机需要三相交流电源提供工作条件，满足工作条件后，三相交流异步电动机的转子之所以会旋转、实现能量转换，是因为转子气隙内有一个沿定子内圆旋转的磁场。图6-25为三相交流电的相位关系。

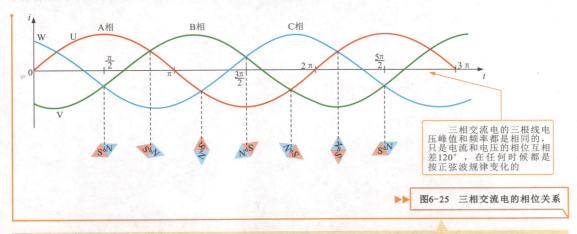

图6-25 三相交流电的相位关系

三相交流异步电动机接通三相电源后，定子绕组有电流流过，产生一个转速为n_0的旋转磁场。在旋转磁场作用下，电动机转子受电磁力的作用，以转速n开始旋转。这里n始终不会加速到n_0，因为只有这样，转子导体（绕组）与旋转磁场之间才会有相对运动而切割磁力线，转子导体（绕组）中才能产生感应电动势和电流，从而产生电磁转矩，使转子按照旋转磁场的方向连续旋转。定子磁场对转子的异步转矩是异步电动机工作的必要条件，"异步"的名称也由此而来。

6.2.3 电动机的拆卸方法

不同类型的电动机，结构功能各不相同。在不同的电气设备或控制系统中，电动机的安装位置、安装固定方式也各不相同。要检测或维修电动机，掌握电动机的拆卸技能尤为重要。下面以典型三相交流电动机为例演示拆卸方法。图6-26为待拆卸三相交流电动机的外形。

在动手操作前，首先要了解正确的拆卸方法。由于电动机的安装精度很高，若拆卸操作不当，则可能会给日后运行留下安全隐患。

因此，从实际的可操作性出发，结合电动机部件的装配特点，将拆卸三相交流电动机分为3个环节：

（1）拆卸电动机的接线盒；
（2）拆卸电动机的散热叶片；
（3）拆卸电动机的端盖部分。

值得注意的是，根据三相交流电动机类型和内部结构的不同，拆卸的顺序也略有区别。

总的来说，在实际拆卸之前，要充分了解电动机的构造，制定拆卸方案，确保拆卸的顺利进行。

▶▶▶ 图6-26 待拆卸三相交流电动机的外形

1 拆卸三相交流电动机的接线盒

三相交流电动机的接线盒安装在电动机的侧端，由四个固定螺钉固定，拆卸时，将固定螺钉拧下即可将接线盒外壳取下，具体方法如图6-27所示。

▶▶▶ 图6-27 电动机接线盒的拆卸

2 拆卸三相交流电动机的散热叶片

三相交流电动机的散热叶片安装在电动机的后端散热护罩中，拆卸时，需先将散热叶片护罩取下，再拆下散热叶片，具体方法如图6-28所示。

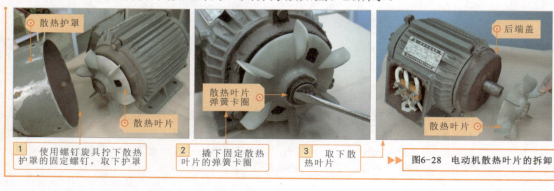

▶▶▶ 图6-28 电动机散热叶片的拆卸

3 拆卸三相交流电动机的端盖

三相交流电动机端盖部分由前端盖和后端盖构成，都是由固定螺钉固定在电动机外壳上的，拆卸时，拧下固定螺钉，然后撬开端盖，注意不要损伤配合部分。

图6-29为三相交流电动机端盖的拆卸方法。

1 使用扳手将电动机前端盖的固定螺母拧下

2 将凿子插入前端盖和定子的缝隙处，从多个方位均匀撬开端盖，使端盖与机身分离

3 取下电动机一侧端盖

4 用扳手拧动另一个端盖上的固定螺母，并撬动使其松动

5 将电动机后端盖连同电动机转子一同取下，电动机转子与定子分离

6 拆卸完成的三相交流电动机各部件

▶▶ 图6-29 三相交流电动机端盖的拆卸方法

若需要对电动机轴承部分进行维护和保养，还可以将轴承从电动机转轴上拆卸下来。拆卸前注意标记轴承的原始位置，拆卸时可对轴承与转轴衔接部位进行润滑，并借助拉拔器拆卸轴承，应注意避免损伤轴承和转轴。

6.2.4 电动机的检测技能

检测电动机性能是否正常时，可借助万用表、万用电桥、兆欧表等检测仪表，对电动机的绕组阻值、绝缘电阻、转速等参数值进行检测。下面分别以典型直流电动机和交流电动机为例介绍电动机的检测技能。

1 电动机绕组阻值的检测技能

检测直流电动机时，可使用万用表检测电动机绕组的阻值是否正常。该方法操作简单，可粗略检测出电动机内各相绕组的阻值，根据检测结果可大致判断出电动机绕组有无短路或断路故障。图6-30为电动机绕组阻值的检测技能。

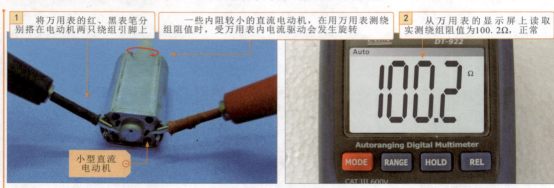

（a）小型直流电动机绕组阻值的检测方法

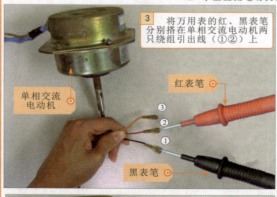
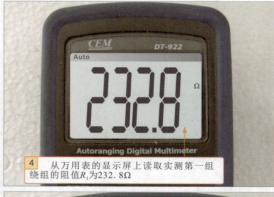
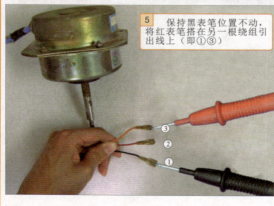

▶▶ 图6-30 电动机绕组阻值的检测技能

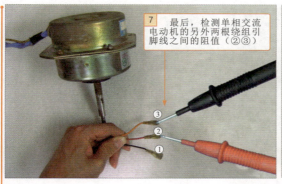
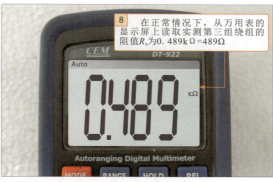

（b）单相异步电动机绕组阻值的检测方法

▶▶▶ 图6-30 电动机绕组阻值的检测技能（续）

不同类型电动绕组阻值的检测方法相同，但检测结果和判断方法有所区别。一般情况下遵循以下规律：

● 若所测电动机为普通直流电动机（两根绕组引线），则其绕组阻值R应为一个固定数值。若实测为无穷大，则说明绕组存在断路故障。

● 若所测电动机为单相电动机（三根绕组引线），则检测两两引线之间的阻值为R_1、R_2、R_3，应满足其中两个数值之和等于第三个值（$R_1+R_2=R_3$）。若R_1、R_2、R_3任意一阻值为无穷大，说明绕组内部存在断路故障。

● 若所测电动机为三相电动机（三根绕组引线），则检测两两引线之间的阻值为R_1、R_2、R_3，应满足三个数值相等（$R_1=R_2=R_3$）。若R_1、R_2、R_3任意一阻值为无穷大，说明绕组内部存在断路故障。

2 交流电动机的检测技能

检测交流电动机是否正常时，可以借助万用表、万用电桥及绝缘电阻表等检测交流电动机绕组间的电阻值，除此之外，还可以进一步检测空载电流等，通过检测结果判断交流电动机的性能是否良好。

用万用电桥检测三相交流电动机绕组的直流电阻，可以精确测量出每组绕组的直流电阻值，即使有微小偏差也能够被发现，是判断电动机制造工艺和性能是否良好的有效测试方法。图6-31为使用万用电桥检测交流电动机的技能。

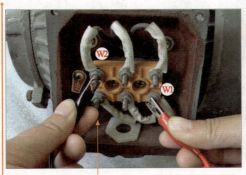
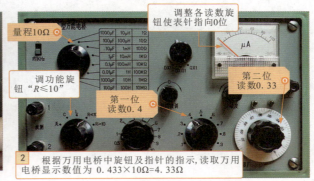

▶▶▶ 图6-31 使用万用电桥检测交流电动机的技能

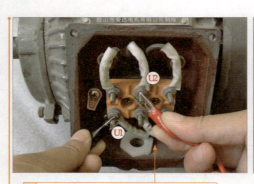

3 用同样的方法检测第二相绕组的电阻值。U1与U2为同一相绕组的两个引出线

4 根据万用电桥中旋钮及指针的指示，读取万用电桥显示数值为 $0.433×10Ω=4.33Ω$

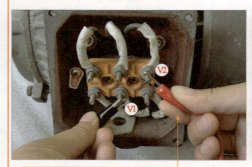

5 用同样的方法检测第三相绕组的电阻值。V1与V2为同一相绕组的两个引出线

6 根据万用电桥中旋钮及指针的指示，读取万用电桥显示数值为 $0.433×10Ω=4.33Ω$

▶▶▶ 图6-31 使用万用电桥检测交流电动机的技能（续）

检测交流电动机的绝缘电阻可用来判断交流电动机绕组间的绝缘性能是否存在漏电（对外壳短路）现象。图6-32为使用兆欧表检测交流电动机绕组阻值的技能。

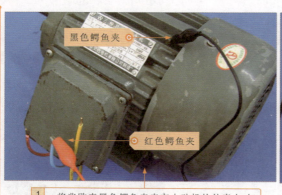

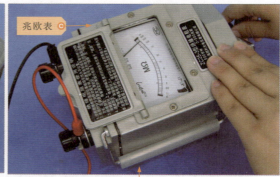

1 将兆欧表黑色鳄鱼夹夹在电动机的外壳上，红色鳄鱼夹依次夹在电动机各相绕组的引出线上

2 匀速转动兆欧表的手柄观察兆欧表指针的摆动情况，正常时，各绕组的绝缘阻值均为500MΩ

3 为确保测量值的准确，需要待兆欧表的指针慢慢回到初始位置（即10MΩ左右）后，再顺时针摇动兆欧表的摇杆检测其他绕组的绝缘电阻。若测得电动机的绕组与外壳之间的绝缘电阻为零或阻值较小，则说明电动机绕组与外壳之间存在短路现象

▶▶▶ 图6-32 使用兆欧表检测交流电动机绕组阻值的技能

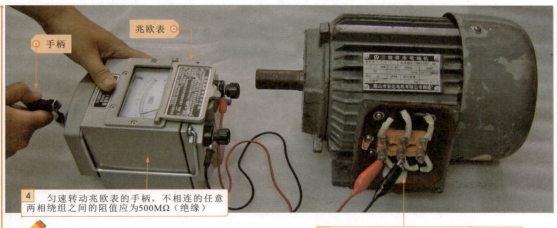

4 匀速转动兆欧表的手柄，不相连的任意两相绕组之间的阻值应为500MΩ（绝缘）

5 检测三相交流电动机绕组与绕组之间的阻值时，需要将鳄鱼夹分别夹在电动机不相连的两相绕组引线上

检测绕组间绝缘电阻时，需要打开电动机接线盒，取下接线片，确保电动机绕组之间没有任何连接头。若测得电动机的绕组与绕组之间的绝缘电阻值为零或阻值较小，则说明电动机绕组与绕组之间存在短路现象。

▶▶ 图6-32 使用兆欧表检测交流电动机绕组阻值的技能（续）

检测交流电动机的空载电流，即在电动机未带任何负载的运行状态下，检测绕组中的运行电流，多用于单相交流电动机和三相交流电动机的检测。为方便检测，通常使用钳形表进行测试。图6-33为使用钳形表检测交流电动机空载电流的技能。

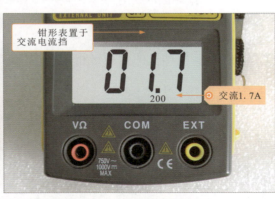

1 打开钳形表的钳头，将输出三根引线中的一根置于钳头内，其数值为交流1.7A（稳定后的值）

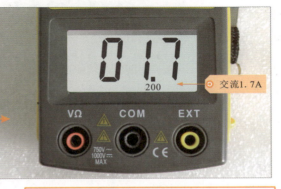

2 用同样的方法检测第二根引线上的空载电流，读出数值为交流1.7A（稳定后的值）

▶▶ 图6-33 使用钳形表检测交流电动机空载电流的技能

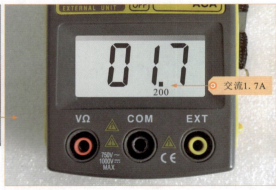

3 用同样的方法检测第三根引线上的空载电流，读出数值为交流1.7A（稳定后的值）

交流1.7A

图6-33 使用钳形表检测交流电动机空载电流的技能（续）

所测电动机为2极1.5kW的三相交流电动机，其额定电流为3.5A。在正常情况下，其空载电流应为额定电流的40%~55%（本例中应为1.7A左右）。若测得电动机的空载电流过大或三相绕组空载电流不均衡，均说明电动机存在异常。在一般情况下，空载电流过大的原因主要有电动机内部铁芯不良、电动机转子与定子之间的间隙过大、电动机线圈的匝数过少、电动机绕组连接错误。三相绕组空载电流不均衡的原因主要有三相绕组不对称、各相绕组的线圈匝数不相等、三相绕组之间的电压不均衡、内部铁芯出现短路。

检测交流电动机是否正常时，除了可以使用以上方法外，还可以测试电动机的实际转速并与铭牌上的额定转速比较，即可判断出电动机是否存在超速或堵转现象。

检测时一般使用专用的转速表，正常情况下，电动机实际转速应与额定转速相同或接近。若实际转速远远大于额定转速，则说明电动机处于超速运转状态；若小于额定转速，则表明电动机的负载过重或出现堵转故障。图6-34为电动机转速的检测技能。

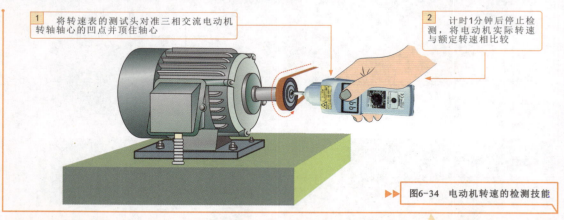

1 将转速表的测试头对准三相交流电动机转轴轴心的凹点并顶住轴心

2 计时1分钟后停止检测，将电动机实际转速与额定转速相比较

图6-34 电动机转速的检测技能

通过以上检测过程可知，判断交流电动机的性能是否正常时，主要是对电动机内部绕组的电阻值、绕组相间的绝缘电阻值、绕组与外壳间的绝缘电阻值、空载电流及转速等进行检测，通过综合检测，最终可以确定当前检测的交流电动机是否正常。

检测交流电动机的性能时，还应及时对电动机进行必要的维护，通过维护也可以提前判断电动机是否正常，如观察电动机的外部零件是否有松动、锈蚀现象，各连接引线是否有变色、烧焦的痕迹，听电动机的运行声音是否正常，若电动机出现较明显的电磁噪声、机械摩擦声、轴承晃动、振动等杂声时，应及时停止设备的运行，并进行检测。

6.2.5 电动机的保养维护

电动机的保养维护包括日常维护检查、定期维护检查和年检，根据维护时间和周期的不同，维护和检查的项目也有所不同。

电动机的保养维护项目如图6-35所示。

检查周期	检查项目
日常维护检查	（1）检查电动机整体外观、零部件，并记录。 （2）检查电动机运行中是否有过热、振动、噪声和异常现象，并记录。 （3）检查电动机散热风扇运行是否正常。 （4）检查电动机轴承、皮带轮、联轴器等润滑是否正常。 （5）检查电动机皮带磨损情况，并记录。
定期维护检查	（1）检查每日例行检查的所有项目。 （2）检查电动机及控制线路部分的连接或接触是否良好，并记录。 （3）检查电动机外壳、皮带轮、基座有无损坏或破损部分，并提出维护方法和时间。 （4）测试电动机运行环境温度，并记录。 （5）检查电动机控制线路有无磨损、绝缘老化等现象。 （6）测试电动机绝缘性能（绕组与外壳、绕组之间的绝缘电阻），并记录。 （7）检查电动机与负载的连接状态是否良好。 （8）检查电动机关键机械部件的磨损情况，如电刷、换向器、轴承、集电环、铁芯等。 （9）检查电动机转轴有无歪斜、弯曲、擦伤、断轴情况，若存在上述情况，指定检修计划和处理方法。
年检	（1）检查轴承锈蚀和油渍情况，清洗和补充润滑脂或更换新轴承。 （2）检查绕组与外壳、绕组之间、输出引线的绝缘性能。 （3）必要时对电动机进行拆机，清扫内部脏污、灰尘，并对相关零部件进行保养维护。如清洗、上润滑油、擦拭、除尘等。 （4）检查电动机输出引线、控制线路绝缘是否老化，必要时重新更换线材。

▶▶▶ 图6-35 电动机的保养维护项目

在检修实践中发现，电动机出现的故障大多是由缺相、超载、人为或环境因素及电动机本身原因造成的。缺相、超载、人为或环境因素都能够在日常检查过程中发现，有利于及时排除一些潜在的故障隐患。特别是环境因素，它的好坏是决定电动机使用寿命的重要因素，及时检查对减少电动机故障和事故，提高电动机的使用效率十分关键。

由此可知，对电动机进行日常维护是一项重要的环节，特别是在一些生产型企业的车间和厂房中，电动机数量达几十台甚至几百台，若日常维护不及时，可能为企业带来很大的损失。

下面介绍电动机需要重点养护的几个方面，包括电动机外壳、转轴、电刷、铁芯和轴承等。

1 电动机外壳的养护

电动机在使用一段时间后，由于工作环境的影响，在其外壳上可能会积上灰尘和油污，影响电动机的通风散热，严重时还会影响电动机的正常工作，需要对电动机的外壳进行养护，如图6-36所示。

检查电动机表面有无明显堆积的灰尘或油污

用毛刷清扫电动机表面堆积的灰尘

用潮湿的毛巾擦拭电动机表面的油污等杂质

▶▶▶ 图6-36 电动机外壳的养护

2 电动机转轴的养护

在日程使用和工作中,由于转轴的工作特点可能会出现锈蚀、脏污等情况,若这些情况严重,将直接导致电动机不启动、堵转或无法转动等故障。对转轴进行养护时,应先用软毛刷清扫表面的污物,然后用细砂纸包住转轴,用手均匀转动细砂纸或直接用砂纸擦拭,即可除去转轴表面的铁锈和杂质,如图6-37所示。

▶▶ 图6-37 电动机转轴的养护

3 电动机电刷的养护

电刷是有刷类电动机的关键部件。电刷异常,将直接影响电动机的运行状态和工作效率。根据电刷的工作特点,在一般情况下,电刷出现异常主要是由电刷或电刷架上炭粉堆积过多、电刷严重磨损、电刷活动受阻等原因引起的。

图6-38为电动机电刷的养护

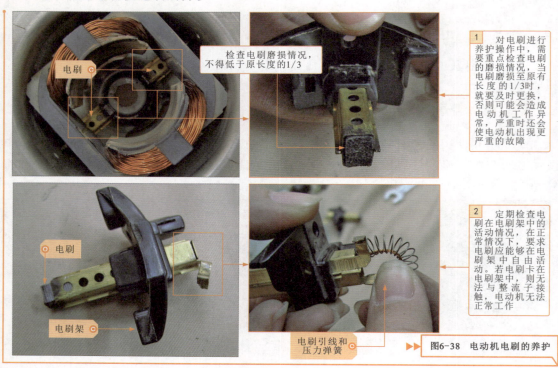

▶▶ 图6-38 电动机电刷的养护

在有刷电动机的运行工作中，电刷需要与整流子接触，因此，在电动机转子带动整流子的转动过程中，电刷会存在一定程度的磨损，电刷上磨损下来的炭粉很容易堆积在电刷与电刷架上，这就要求电动机保养维护人员应定期清理电刷和电刷架，确保电动机正常工作。

在对电刷进行养护的操作中，需要查看电刷引线有无变色，并依此了解电刷是否过载、电阻偏高或导线与刷体连接不良的情况，有助于及时预防故障的发生。

在有刷电动机中，电刷与整流子（滑环）是一组配套工作的部件，对电动机电刷进行养护操作时，同样需要对整流子进行相应的保养和维护操作，如清洁整流子表面的炭粉、打磨其表面的毛刺或麻点、检查整流子表面有无明显不一致的灼痕等，以便及时发现故障隐患，排除故障。

4 电动机铁芯的养护

电动机中的铁芯部分可以分为静止的定子铁芯和转动的转子铁芯，为了确保安全使用，并延长使用寿命，在保养时，可用毛刷或铁钩等定期清理，去除铁芯表面的脏污、油渍等，如图6-39所示。

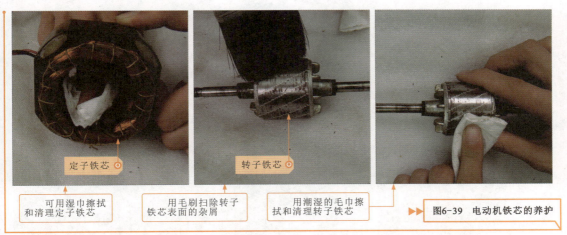

▶▶▶ 图6-39 电动机铁芯的养护

5 电动机轴承的养护

电动机经过一段时间的使用后，会因润滑脂变质、渗漏等情况造成轴承磨损、间隙增大，如图6-40所示。此时，轴承表面温度升高，运转噪声增大，严重时还可能使定子与转子相接触。

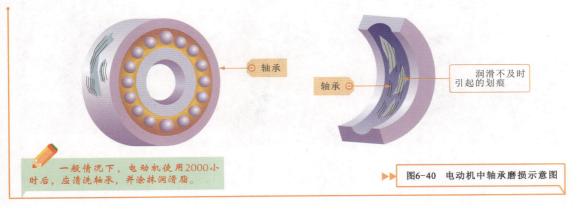

一般情况下，电动机使用2000小时后，应清洗轴承，并涂抹润滑脂。

▶▶▶ 图6-40 电动机中轴承磨损示意图

电动机轴承的养护包括清洗轴承、清洗后检查轴承及润滑轴承，如图6-41所示。

1 检查轴承内部润滑脂有无硬化、杂质过多的情况

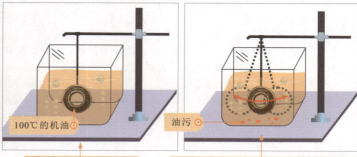

2 将轴承浸泡到100℃左右的热机油中

3 浸泡一段时间后，将轴承在油内多次摇晃，油污也会从缝隙中流走

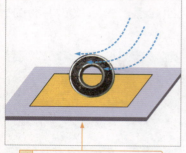

4 轴承清洗干净后，将轴承从机油中提出，晾干

5 检查轴承游隙，其游隙最大值不能超过规定要求范围

轴承内径（mm）	最大磨损值（mm）
20～30	0.1
30～50	0.2
55～80	0.25
85～120	0.3
130～150	0.35

6 用手捏住轴承内圈，另一只手推动外钢圈使其旋转。若轴承良好，则旋转平稳无停滞，若转动中有杂音或突然停止，则表明轴承已损坏

7 将轴承握入手中，前后晃动或双手握住轴承左右晃动，如果有较大或明显的撞击声，则轴承可能损坏

8 将选用的润滑脂取出一部分放在干净的容器内，并与润滑油按照6:1～5:1的比例搅拌均匀

9 将润滑脂均匀涂抹在轴承空腔内，并用手的压力往轴承转动部分的各个缝隙挤压，转动轴承使润滑均匀

10 最后将轴承内外端盖上的油渍清理干净，轴承润滑完成

▶▶ 图6-41 电动机轴承的养护

清洗轴承除了采用上述热油清洗外，还可采用煤油浸泡清洗、淋油法清洗等。清洗后的轴承可用干净的布擦干，注意不要用掉毛的布，然后晾在干净的地方或选一张干净的白纸垫好。清洗后的轴承不要用手摸，为了防止手汗或水渍腐蚀轴承，也不要清洗后直接涂抹润滑脂，否则会引起轴承生锈，要晾干后才能填充润滑剂或润滑脂。

清洗轴承后，在进行润滑操作之前，需要检查轴承的外观、游隙等，初步判断轴承能否继续使用。检查轴承外观主要可以直观地看到轴承的内圈或外圈配合面磨损是否严重、滚珠或滚柱是否破裂、是否有锈蚀或出现麻点、保持架是否碎裂等现象。若外观检查发现轴承损坏较严重，则需要直接更换轴承，否则即使重新润滑，也无法恢复轴承的机械性能。

轴承的游隙是指轴承的滚珠或滚柱与外环内沟道之间的最大距离。当该值超出了允许范围时，则应更换。判断轴承的径向间隙是否正常，可以采用手感法检查。轴承间隙过大或损坏时，一般不需要再清洗或检修，直接更换同规格的合格轴承即可。

在轴承润滑操作中需注意，使用润滑脂过多或过少都会引起轴承发热，使用过多时会加大滚动的阻力，产生高热，润滑脂熔化会流入绕组；使用过少时，则会加快轴承的磨损。

不同种类的润滑脂根据其特点，适用于不同应用环境中的电动机，因此，在对电动机进行润滑操作时，应根据实际环境选用。另外，还应注意以下几点：

（1）轴承润滑脂应定期补充和更换；
（2）补充润滑脂时要用同型号的润滑脂；
（3）补充和更换润滑脂应为轴承空腔容积的1/3～1/2；
（4）润滑脂应新鲜、清洁且无杂物。

不论使用哪种润滑脂，在使用前均应拌入一定比例（6:1～5:1）的润滑油，对转速较高、工作环境温度高的轴承，润滑油的比例应少些。

5 电动机运行状态的维护

在电动机运行时，可对电动机的工作电压、运行电流等进行检测，以判断电动机有无堵转、供电有无失衡等情况，及早发现问题，排除故障。

借助钳形表检测三相异步电动机各相的电流，在正常情况下，各相电流与平均值的误差不应超过10%，如用钳形表测得的各相电流差值太大，则可能有匝间短路，需要及时处理，避免故障扩大化，如图6-42所示。

图6-42 电动机运行状态的维护

第7章 灯控照明系统的安装、调试与检修技能

7.1 家庭灯控照明系统的安装、调试与检修技能

7.1.1 家庭灯控照明系统的规划设计

家庭灯控照明系统的规划设计,需要按照一定的规范来操作,如控制开关的安装位置、线路敷设、线路类型、照明灯具的位置等。

1 控制开关安装位置和线路敷设要求

家庭灯控照明系统中对控制开关的安装位置有着明确要求,控制开关一般距地面的高度为1.3m～1.5m,距门框的距离应为0.15m～0.2m,如果距离过大或过小,则可能会影响使用及美观。另外,控制开关必须控制相线,然后与照明灯具连接,且要求控制线路穿管敷设。图7-1为控制开关安装位置和线路的敷设要求。

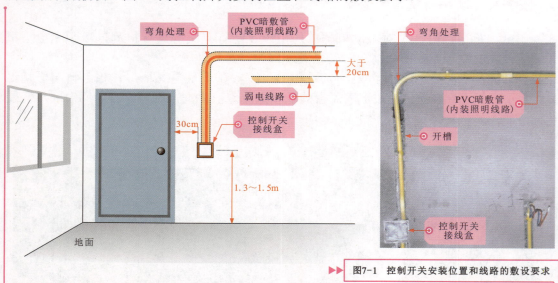

▶▶ 图7-1 控制开关安装位置和线路的敷设要求

2 照明线路类型设计要求

在线路设计时,要根据住户需求和方便使用的原则,设计照明线路的类型。一般卧室要求在进门和床头都能控制照明灯,这种线路应设计成两地控制照明电路;客厅一般设有两盏或多盏照明灯,一般应设计成三方控制照明电路,分别在进门、主卧室外侧、次卧室门外侧进行控制等。图7-2为照明线路类型设计要求。

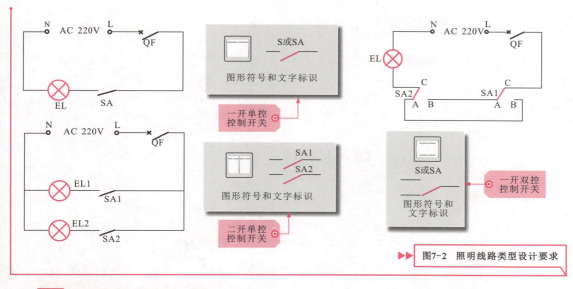

▶▶ 图7-2 照明线路类型设计要求

3 照明灯具的安装方式要求

家庭照明线路中,照明灯具主要有吸顶式和悬挂式两种,需要结合室内美观、用户需求和照度要求等进行设计安装。图7-3为照明灯具的安装方式要求。

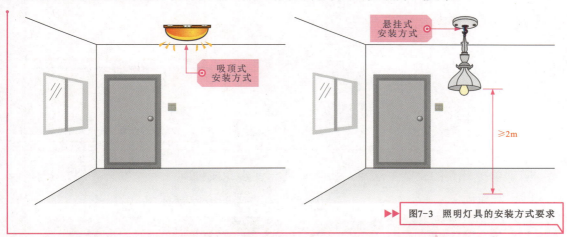

▶▶ 图7-3 照明灯具的安装方式要求

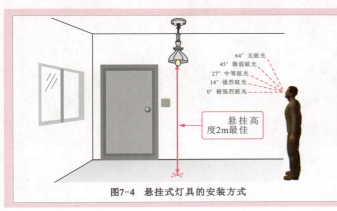

图7-4 悬挂式灯具的安装方式

采用悬挂式安装方式时,要重点考虑眩光和安全因素。眩光的强弱与日光灯的亮度及人的视角有关。因此,悬挂式灯具的安装高度是限制眩光的重要因素,如果悬挂过高,既不方便维护又不能满足日常生活对光源亮度的需要。如果悬挂过低,则会产生对人眼有害的眩光,降低视觉功能,同时也存在安全隐患。图7-4为悬挂式灯具的安装方式。

7.1.2 家庭灯控照明设备的安装技能

家庭灯控照明系统中的设备主要有控制开关、照明灯等，学会这些设备的安装技能是非常有必要的。

1 控制开关的安装技能

图7-5为控制开关安装位置和线路的敷设要求。

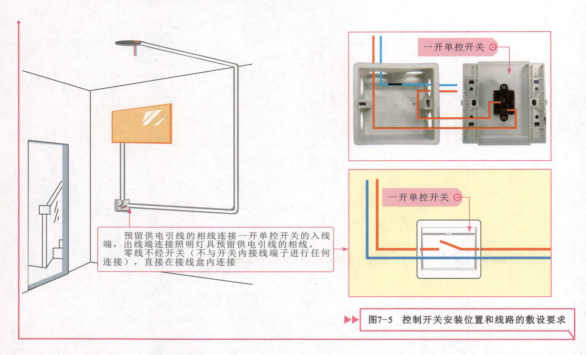

▶▶▶ 图7-5 控制开关安装位置和线路的敷设要求

明确单控开关的安装方法后，接下来则需逐步完成控制开关的安装。图7-6为控制开关的安装技能。

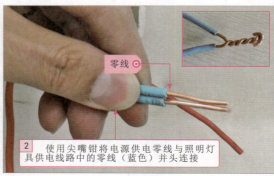

▶▶▶ 图7-6 控制开关的安装技能

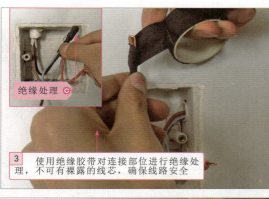
3 使用绝缘胶带对连接部位进行绝缘处理，不可有裸露的线芯，确保线路安全

4 将电源供电端的相线端子穿入单控开关的一根接线柱中（一般先连接入线端，再连接出线端）

5 使用螺钉旋具拧紧接线柱固定螺钉，固定电源供电端的相线，导线的连接必须牢固，不可出现松脱情况

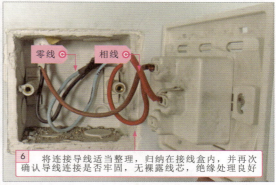
6 将连接导线适当整理，归纳在接线盒内，并再次确认导线连接是否牢固，无裸露线芯，绝缘处理良好

7 将单控开关的底座中的螺钉固定孔对准接线盒中的螺孔按下

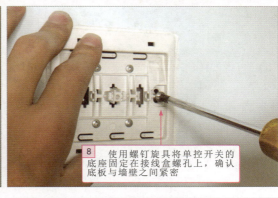
8 使用螺钉旋具将单控开关的底座固定在接线盒螺孔上，确认底板与墙壁之间紧密

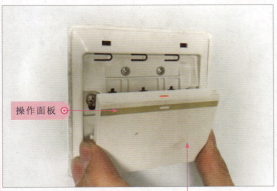
9 将单控开关的操作面板装到底板上，有红色标记的一侧向上

10 将单控开关的护板安装到底板上，卡紧（按下时听到"咔"声）

▶▶ 图7-6 控制开关的安装技能（续）

2 灯具的安装技能

灯具中的吸顶灯是目前家庭灯控照明系统中应用最多的一种照明灯具,内设节能灯管,具有节能、美观等特点。下面以吸顶灯为例讲述灯具的安装技能。

吸顶灯的安装与接线操作比较简单,可先将吸顶灯的面罩、灯管和底座拆开,然后将底座固定在屋顶上,将屋顶预留的相线和零线与灯座上的连接端子连接,重装灯管和面罩即可。图7-7为灯具的安装技能。

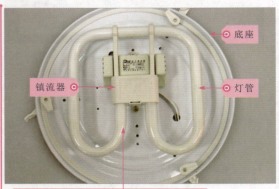

1. 安装前,先检查灯管、镇流器、连接线等是否完好,确保无破损的情况

2. 用一只手将灯的底座托住并按在需要安装的位置上,然后用铅笔插入螺钉孔,画出螺钉的位置

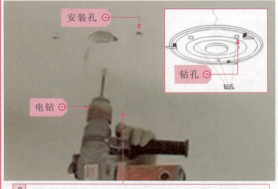

3. 使用电钻在之前画好钻孔位置的地方打孔(实际的钻孔个数根据灯座的固定孔确定,一般不少于三个)

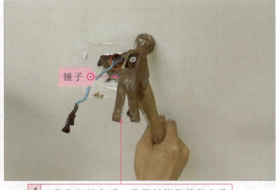

4. 孔位打好之后,将塑料膨胀管按入孔内,并使用锤子将塑料膨胀管固定在墙面上

5. 将预留的导线穿过电线孔,使底座放在之前的位置,螺钉孔位要对上

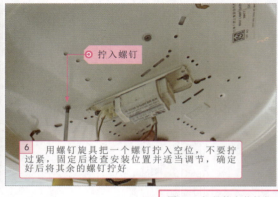

6. 用螺钉旋具把一个螺钉拧入空位,不要拧过紧,固定后检查安装位置并适当调节,确定好后将其余的螺钉拧好

▶▶▶ 图7-7 灯具的安装技能

7 将预留的导线与吸顶灯的供电线缆连接，并使用绝缘胶带缠绕，使其绝缘性能良好

8 将灯管安装在吊灯的底座上，并使用固定卡扣将灯管固定在底座上

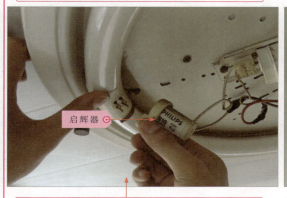

9 通过特定的插座将启辉器与灯管连接在一起，确保连接紧固

10 通电检查是否能够点亮（通电时不要触摸灯座内任何部位），确认无误后扣紧灯罩，吸顶灯安装完成

▶▶▶ 图7-7 灯具的安装技能（续）

7.1.3 家庭灯控照明系统的调试与检修技能

家庭照明线路设计、安装和连接完成后，需要对线路进行调试，若线路照明控制部件的控制功能、照明灯具点亮与熄灭状态等都正常，则说明家庭照明线路正常，可投入使用。若调试中发现故障，则应检修该线路。

对室内照明线路进行调试与检修，首先要了解线路的基本控制功能，根据线路功能逐一检查各照明开关的控制功能是否正常、控制关系是否符合设计要求、照明灯具受控状态是否到位。对控制失常的控制开关、无法点亮的照明灯具及关联线路应及时进行检修。

1 了解线路的功能

图7-8为室内照明线路。该线路中主要包括12盏照明灯，分别由相应的控制开关进行控制，其中除客厅吊灯、客厅射灯和卧室吊灯外，其他灯具均由一只单开单控开关进行控制，开关闭合照明灯亮，开关断开照明灯熄灭，控制关系简单。

客厅吊灯、客厅射灯和卧室吊灯均为两地控制线路，由两只单开双控开关控制，可实现在两个不同位置控制同一盏照明灯的功能，方便用户使用。

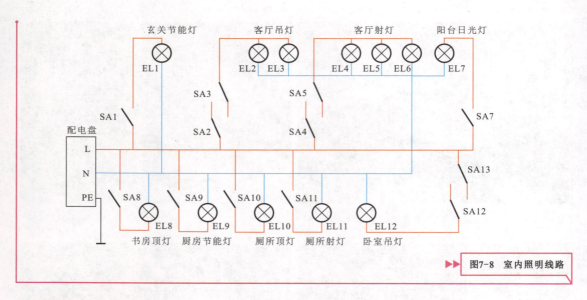

▶▶▶ 图7-8 室内照明线路

2 调试线路

线路安装完成后,首先根据电路图、接线图逐级检查线路有无错接、漏接情况,并逐一检查各控制开关的开关动作是否灵活,控制线路状态是否正常,对出现异常部位进行调整,使其达到最佳工作状态。图7-9为家庭灯控照明系统中线路的调试。

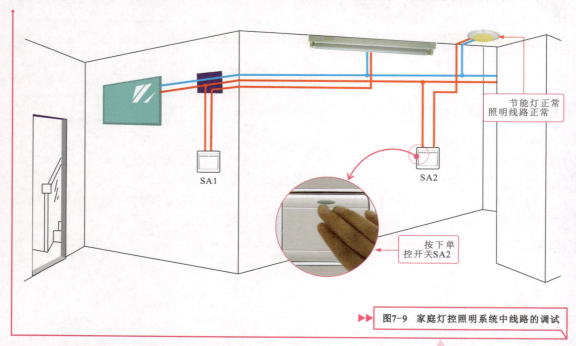

▶▶▶ 图7-9 家庭灯控照明系统中线路的调试

调试线路分为断电调试和通电调试两个方面。通过调试确保线路能够完全按照设计要求实现控制功能,并正常工作。在断电状态下,可对控制开关、照明灯具等直接检查;在通电状态下,可通过对控制开关的调试,判断线路中各照明灯的点亮状态是否正常,具体调试方法见表7-1。

表7-1 家庭灯控照明系统调试时的状态

断电调试	通电调试			
	闭合室内配电盘中的照明断路器，接通电源			
按动照明线路中各控制开关，检查开关动作是否灵活	按动SA1	闭合EL1亮；断开EL1灭	按动SA8	闭合EL8亮；断开EL8灭
	按动SA2	初始EL2、EL3亮，按动后灯灭	按动SA9	闭合EL9亮；断开EL9灭
	按动SA3	初始EL2、EL3灯灭，按动后灯亮	按动SA10	闭合EL10亮；断开EL10灭
观察照明灯具安装是否到位，固定是否牢靠	按动SA4	初始EL4、EL5、EL6亮，按动后灯灭	按动SA11	闭合EL11亮；断开EL11灭
	按动SA5	初始EL4、EL5、EL6灭，按动后灯亮	按动SA12	初始EL12亮，按动后灯灭
	按动SA7	闭合EL7亮；断开EL7灭	按动SA13	初始EL12灯灭，按动后灯亮

3 线路检修

当操作照明线路中的单控开关SA8闭合时，由其控制的书房顶灯EL8不亮，怀疑该照明线路存在异常情况，断电后检查照明灯具无明显损坏情况，采用替换法更换顶灯内的节能灯管、启辉器等均无法排除故障，怀疑控制开关损坏，可借助万用表检测控制开关。图7-10为家庭灯控照明系统的检修。

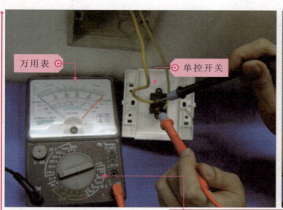
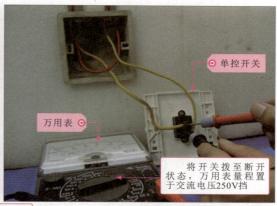

▶▶▶ 图7-10 家庭灯控照明系统的检修

将单控开关从墙上卸下，切断该线路总电源，使用万用表蜂鸣挡或断开连接使用欧姆挡测量开关内触点的通、断。正常情况下，单控开关处于接通状态时，万用表蜂鸣器应发出蜂鸣声；

当单控开关处于断开状态时，内部触点断开，万用表蜂鸣器不响。

实际检测单控开关闭合状态下，内部触点无法接通（阻值为无穷大），说明该单控开关内的触点出现故障，使用同规格的单控开关进行更换即可排除故障。

7.2 公共灯控照明系统的安装、调试与检修技能

7.2.1 公共灯控照明系统的规划设计

公共灯控照明系统的规划设计需要根据具体的施工环境,考虑照明设备、控制部件的安装方式及数量,然后从实用的角度出发,选配合适的器件及线缆。下面我们以小区路灯照明和楼宇公共照明为例,介绍公共灯控照明系统的设计要求。

1 小区路灯照明系统的规划设计

小区路灯照明是每个小区必不可少的公共照明设施,主要用来在夜间为小区内的道路提供照明,照明路灯大都设置在小区边界或园区内的道路两侧,为小区提供照明的同时,也美化了小区周围的环境。在设计该类线路时,应重点考虑照明灯具的布置要求和选材要求。除此之外,还需要先考虑路灯数量、放置位置及照明范围,规划施工方案。设计路灯位置时,要充分考虑灯具的光强分布特性,使路面有较高的亮度和均匀度,且尽量限制眩光的产生。

图7-11为小区路灯照明系统的规划设计。

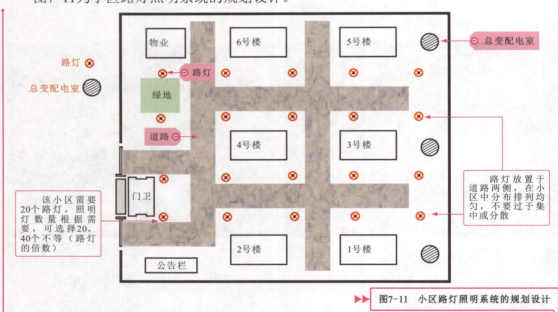

▶▶▶ 图7-11 小区路灯照明系统的规划设计

在规划小区路灯照明系统时,要确保照明系统可以覆盖到小区的每一个角落,而且要确保光照的照度和亮度,同时起到让小区更美观的作用。

小区路灯照明线路的一些基本设计要求:

(1)小区的灯光照明系统应在保证小区内恰当的照度和亮度的条件下尽可能减少电线的长度。

(2)小区中一些主出入口、路口、公共区亮度都比较高,亮度均匀性(最低亮度与平均亮度之比)有一定的要求,一般不低于40%。

(3)小区平均照度相对较低,一般平均照度为11cd/m²左右,路面亮度不低于1cd/m²,由于小区中车辆、人员行进速度都比较缓慢,所以小区地灯照明对于亮度均匀性没有要求。

（4）小区照明系统的主干道路灯并不一定以多为好、以强取胜，在小区中安装的路灯距离一般情况下为25～30m，安装高度不低于4.5m，对于接近弯道处的灯杆，其间距应当减小。

（5）由于小区道路路型较为复杂，路口多、分叉多，所以要求照明有较好的视觉指导作用，一般多采用单侧排列，在道路较宽的住宅小区主干道，可采用双侧对称排列。

（6）在小区中进行照明设计，应避免室外照明对居民室内环境起不良的影响，这一点主要是通过选择恰当的灯位来控制。

（7）进行小区照明线路设计时，要求做好接地方案。

2 楼宇公共灯控照明系统的规划设计

楼宇公共照明主要为建筑物内的楼道、走廊等提供照明，方便人员通行。照明灯大都安装在楼道或走廊的中间（空间较大可平均设置多盏照明灯），需要手动控制的开关（触摸开关）通常设置在楼梯口，自动开关（如声控开关）通常设置在照明灯附近。图7-12为楼宇公共灯控照明系统的规划设计。

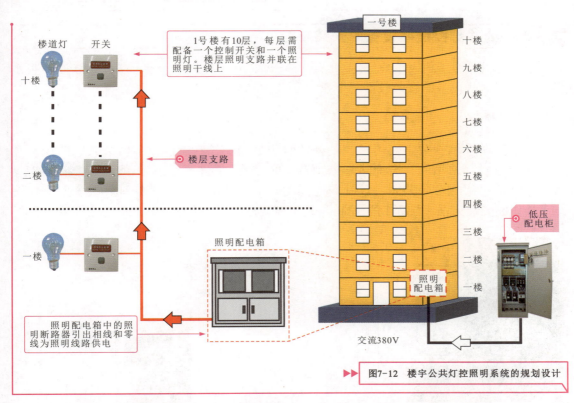

▶▶ 图7-12 楼宇公共灯控照明系统的规划设计

设计楼宇公共照明线路，重点应考虑线路的实用性、方便性和节能特性，从线路选材、照明灯具选用和控制方式设计多方面综合考虑。

控制开关用于控制电路的接通或断开，在这里用来控制楼道照明灯的点亮或熄灭。设计楼道开关应满足方便、节能的特点，一般选用声控开关（或声光控开关）、人体感应开关和触摸开关等。

图7-13为楼宇公共灯控照明系统规划设计时的注意事项。

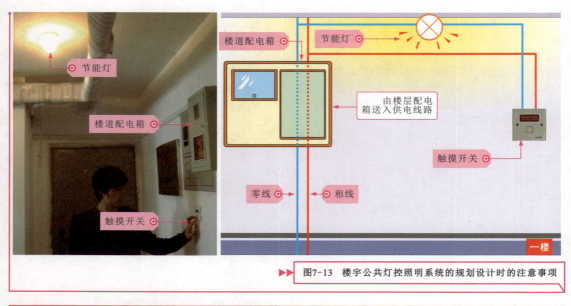

▶▶ 图7-13 楼宇公共灯控照明系统的规划设计时的注意事项

7.2.2 公共灯控照明设备的安装技能

公共灯控照明系统中的设备主要有控制开关、公共照明灯等,在公共灯控照明系统中,学会这些设备的安装技能是非常有必要的。

1 控制开关的安装技能

公共照明控制开关主要用来控制公共照明灯的工作状态。目前,公共照明控制开关的种类较多,常见的有智能路灯控制器、光控路灯控制器及太阳能路灯控制器等,这些控制器可实现对公共照明灯开关的控制。下面就以光控路灯控制开关为例,介绍一下具体的安装方法。图7-14为控制开关的安装技能。

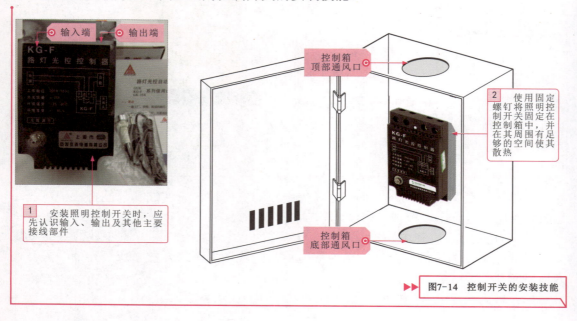

▶▶ 图7-14 控制开关的安装技能

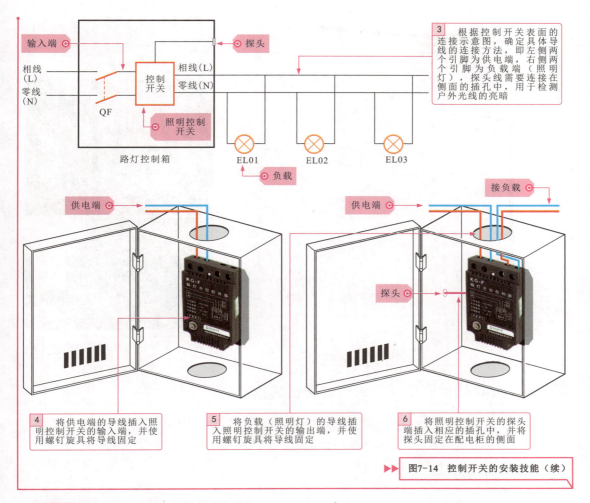

▶▶▶ 图7-14 控制开关的安装技能（续）

2 公共照明灯具的安装技能

安装公共照明灯具时，应尽量使线路短直、安全、稳定、可靠，便于以后的维修，要严格按照照度及亮度的标准及设备的标准安装。在安装路灯照明系统前，应选择合适的路灯、线缆，通常需要考虑灯具的光线分布，以方便路面有较高的亮度和均匀度，并应尽量限制眩光的产生。

下面以典型路灯为例介绍具体的安装方法，路灯的安装可大致分为3步：线缆的敷设、灯杆的安装、灯具的安装。图7-15为公共照明灯具的安装技能。

1 安装灯杆之前，应根据需要选择合适的灯杆，通常灯杆的高度可选择为5m，路灯之间的距离为25m左右，可根据道路路型的复杂程度，使路口多、分叉多的地方有较好的视觉指导作用，在主次干道采用的均为对称排列

▶▶▶ 图7-15 公共照明灯具的安装技能

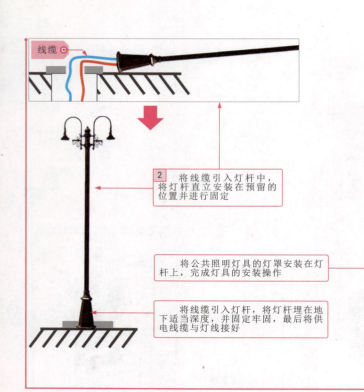

▶▶ 图7-15 公共照明灯具的安装技能（续）

7.2.3 公共灯控照明系统的调试与检修技能

公共灯控照明线路设计、安装和连接完成后，需要对线路进行调试，若线路各部件动作、控制功能等都正常，则说明公共灯控照明系统正常，可投入使用。若调试中发现故障，则应检修该控制线路。下面以典型小区公共灯控照明系统为例进行调试与检修操作。

对小区公共照明线路调试与检修，首先要了解线路的基本控制功能，根据线路功能逐一检查各控制部件操控是否正常、执行部件动作是否到位、照明灯具能否点亮，并在调试过程中对动作不符合设计要求、无法点亮的照明灯具及关联线路进行检修。

1 了解线路的功能

图7-16为典型小区公共灯控照明系统的电路图。该小区公共照明线路为光控照明线路。当环境光线较暗时，由控制电路自动控制路灯得电，所有路灯点亮；当白天光线较强时，控制电路自动切断路灯的供电线路，路灯熄灭。

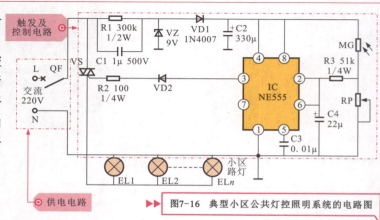

▶▶ 图7-16 典型小区公共灯控照明系统的电路图

2 调试线路

线路安装完成后,首先根据电路图、接线图逐级检查电路的连接情况,有无错接、漏接,并根据小区公共照明线路的功能逐一检查各组成部件自身功能是否正常,并调整出现异常的部位,使其达到最佳工作状态。

图7-17为典型小区公共灯控照明系统的调试。

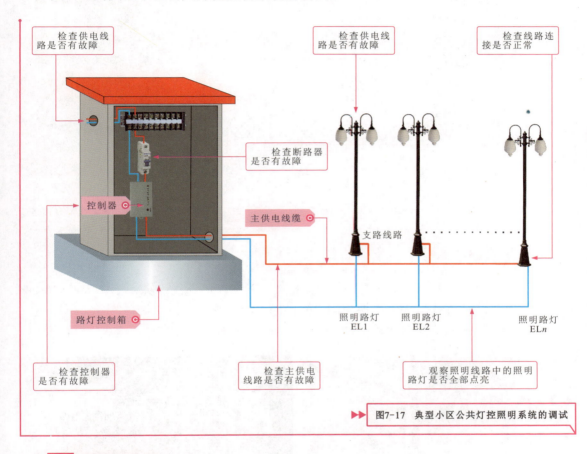

▶▶ 图7-17 典型小区公共灯控照明系统的调试

3 线路的检修

检查小区照明控制线路中照明路灯,若全部无法点亮,应当检查主供电线路是否有故障;当主供电线路正常时,应当查看路灯控制器是否有故障;若路灯控制器正常,应当检查断路器是否正常;当路灯控制器和断路器都正常时,应检查供电线路是否有故障;若照明支路中有一盏照明路灯无法点亮时,应当查看该照明路灯是否发生故障;若照明路灯正常,应检查支路供电线路是否正常;若线路有故障,应更换线路。

检查主供电线路,可以使用万用表在照明路灯EL3处检查线路中的电压,若无电压,则说明主供电线缆有故障。

使用万用表的交流电压挡检测照明路灯支路供电线路上的电压。

图7-18为典型小区公共灯控照明系统线路的检修。

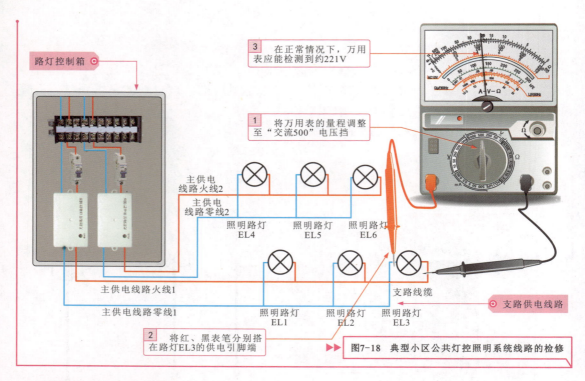

▶▶ 图7-18 典型小区公共灯控照明系统线路的检修

4 更换损坏部件

在调试过程中，若发现小区供电线路正常，但路灯仍无法点亮，则多为路灯本身异常，需要对路灯进行检查，更换相同型号的路灯灯泡即可排除故障。

图7-19为更换照明系统中的灯泡。

▶▶ 图7-19 更换照明系统中的灯泡

第8章 供配电系统的安装、调试与检修技能

8.1 家庭供配电系统的安装、调试与检修技能

8.1.1 家庭供配电系统的规划设计

家庭供配电线路是决定用户能否正常、合理使用用电设备的关键部分，因此在对家庭供电线路进行设计时，需要按照标准要求进行，其中包括配电箱、配电盘安装要求、负荷计算原则、供电线路分配要求、线材的选配要求等。

1 配电箱的安装要求

配电箱是家庭供电线路的起始部分，安装于用户室外（楼道）。在设计时，要求配电盘安装于靠近干线位置，采用嵌入式安装方式，距离地面的高度不小于1.5m。另外，配电箱输出的入户线缆暗敷于墙壁内，取最近距离开槽、穿墙，线缆由位于门左上角的穿墙孔引入室内，以便连接住户内部配电盘，如图8-1所示。

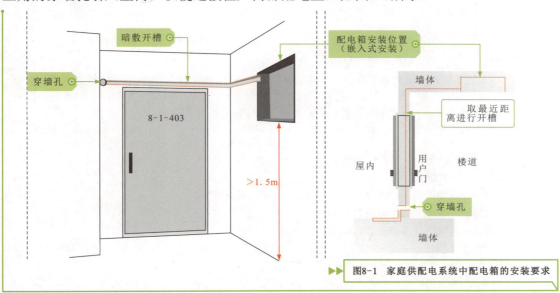

▶▶ 图8-1 家庭供配电系统中配电箱的安装要求

2 配电盘的安装要求

配电盘是家庭供配电系统中的核心设备，一般应放置在用户屋内的进门处，以便于入户线路的连接及用户使用为基本原则。配电盘也应采用嵌入式安装方式，且要求配电盘下沿距离地面1.9m左右，如图8-2所示。

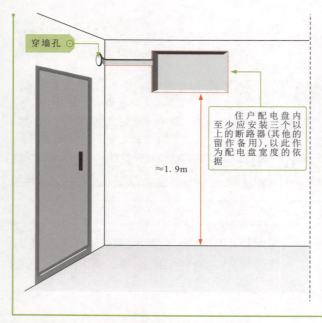
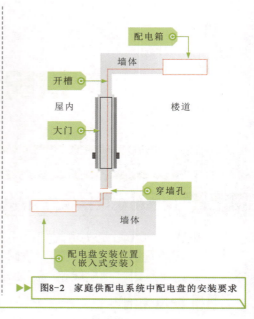

▶▶▶ 图8-2 家庭供配电系统中配电盘的安装要求

3 用电负荷计算原则

设计家庭供电线路时，设备的选用及线路的分配均取决于家庭用电设备的用电负荷，因此，科学计量和估算家庭的用电负荷是十分重要和关键的环节。

设计要求供电线路的额定电流应大于所有可能会同时使用的家用电器的总电流值。其中，总电流的计算由所有用电设备的功率和除以额定供电电压获得，即总电流=家用电器的总功率/220V。

> 将所有家用电器的功率相加即可得到总功率值。另外，家庭中的电器设备不可能同时使用，因此用电量一般取设备耗电量总和的60%～70%，在此基础上考虑一定的预留量即可。值得注意的是，计算家庭总电流量（用电负荷）是家装强电选材中的关键环节。
>
> 总电流量=本线路所有常用电器的最大功率之和÷220V。常用电器功率：
> 微波炉：800～1500W　　电饭煲：500～1700W　　电磁炉：800～1800W
> 电炒锅：800～2000W　　电热水器：800～2000W　　电冰箱：70～250W
> 电暖器：800～2500W　　电烤箱：800～2000W　　消毒柜：600～800W
> 电熨斗：500～2000W
> 1匹空调器开机瞬间功率峰值是额定功率的3倍，即724W×3=2172W。
> 1.5匹空调器开机瞬间功率峰值是1086W×3=3258W。
> 2匹空调器开机瞬间功率峰值是1448W×3=4344W。
> 由此可粗略计算出一般用电支路功率为：照明支路为800W；插座支路为3500W；厨房支路为4400W；卫生间支路为3500W；空调器支路为3500W。
> 按上述功率计算的家庭用户的总功率约为15700W，取总和的60%～70%约为9400W，计算得总电流I=9400W/220V≈42A，由此供电线路设计负荷要求不小于42A。

3 用电负荷分配原则

首先要考虑到住户的用电需要及每个房间内设有的电器部件数量等，在满足用户使用的前提下设计线路分配方案。

一般要求家庭供电线路分配至少5个支路，包括照明支路、插座支路、空调支路、厨房支路和卫生间支路，如图8-3所示。

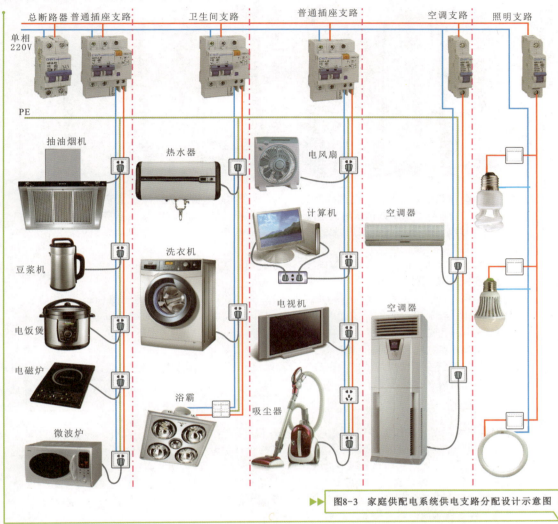

▶▶ 图8-3　家庭供配电系统供电支路分配设计示意图

5　线材的选配要求

在家庭供配电系统中，导线是最基础的供电部分，导线的质量、规格直接影响供配电性能和安全性。因此，合理选配线材在系统规划设计中尤为重要。

适用于家装强电线材的种类很多。目前，家庭供配电系统中线材要求选用铜芯塑料绝缘导线，且根据负荷不同，选配线材主要以横截面积作为主要参考依据，如图8-4所示。

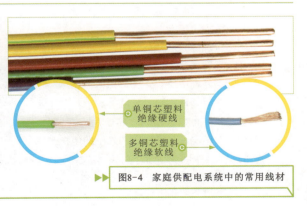

▶▶ 图8-4　家庭供配电系统中的常用线材

在家庭供配电系统中的线缆主要包括进户线、照明线、插座线、空调专线，根据不同分支线路的用电负荷需要分别选材，如图8-5所示。

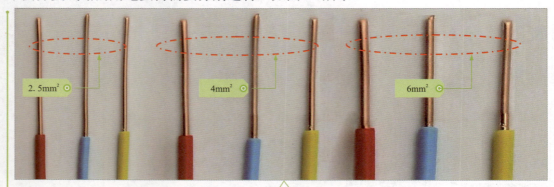

进户线由配电箱引入，选择时要选择载流量大于等于实际电流量的绝缘线（硬铜线），不能采用花线或软线（护套线），暗敷在管内的电线不能采用有接头的电线，必须是一根完整的电线。

在单相两线制、单相三线制家用供配电电路中，零线横截面积和相线（铜线横截面积不大于16mm²）的横截面积应相同。

目前，家装用照明、插座、开关等强电线材大多选用铜芯塑料绝缘导线。

导线横截面积的选择如下：

进户线：6～10mm²铜芯线；　　照明支路：2.5 mm²铜芯线；　　厨房支路：4mm²铜芯线；
卫生间支路：4mm²铜芯线；　　10A插座：2.5mm²铜芯线；　　空调支路：4mm²或6mm²专线
插座线：4mm²铜芯线；　　空调挂机插座线：4mm²铜芯线；
大功率空调柜机插座线：6mm²的铜芯线。

家庭供配电系统中所使用导线的颜色应符合国家标准要求，即相线使用红色导线，零线使用蓝色导线，地线使用黄、绿双色导线。

▶▶▶ 图8-5 导线的横截面积

在选用供电线材时，应根据使用环境的不同，选用合适横截面积的导线，否则，横截面积过大，将增加有色金属的消耗量；若横截面积过小，则线路在运行过程中，不仅会产生过大的电压损失，还会使导线接头处因过热而引起断路的故障，因此必须合理地选择导线的横截面积。

在选用强电线材的横截面积时，可以按其允许电压的损失来选择，电流通过导线时会产生电压损失，各种用电设备都规定了允许电压损失范围。一般规定，端电压与额定电压不得相差±5%，按允许电压损失选择导线横截面积时可按下式计算：

$$S = \frac{PL}{\gamma \Delta U_r U_N^2} \times 100 \ (mm^2)$$

式中，S表示导线的横截面积（mm²）；

P表示通过线路的有功功率（kW）；

L表示线路的长度；

γ表示导线材料电导率；

铜导线为58×10^{-6}、铝导线为35×10^{-6}（1／Ω.m）；

ΔU_r表示允许电压损失中的电阻分量（%）；

U_N表示线路的额定电压（kV）；

其中，ΔU_r可根据公式计算：$\Delta U_r = \Delta U - \Delta U_x = \Delta U - QX/10U_{2N}$。$\Delta U$表示允许电压损失（%），一般为±5%；$\Delta U_x$表示允许电压损失中的电抗分量（%）；$Q$表示无功功率（kvar）；$X$表示电抗（Ω）。

不同横截面积导线承载电流的能力不同，即载流量不同。导线横截面积的选择依据其所承载用电设备的总电流（即本线路所有常用电器最大功率之和÷220V=总电流）大小。家装用不同横截面积铜芯导线的载流量见表8-1。

表8-1 不同横截面积铜芯导线的载流量

铜线横截面积（mm²）	铜线直径（mm）	安全载流量（A）	允许长期电流（A）
2.5	1.78	28	16～25
4	2.25	35	25～32
6	2.77	48	32～40

8.1.2 家庭供配电设备的安装技能

家庭供配电系统中，配电箱和配电盘是主要的供配电设备，电工安装人员需要掌握配电箱和配电盘安装基本技能。

1 配电箱的安装技能

配电箱是家庭供配电系统中的用电量计量和总控制设备。配电箱的安装包括配电箱箱体的安装、电能表的安装、总断路器的安装、配电箱的接地连接。

◇ 配电箱箱体的安装

安装配电箱箱体前，需要根据规划设计要求对配电箱的高度进行确认，然后在规定的位置打孔并固定配电箱的箱体，具体操作如图8-6所示。

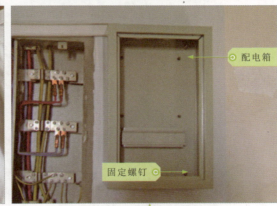

▶▶ 图8-6 配电箱箱体的安装

◇ 电能表的安装

电能表俗称电度表，是一种电能计量仪表，主要用于测算或计量电路中电源输出或用电设备（负载）所消耗的电能，在安装电能表之前，应根据用电需求选配适当的电能表。

图8-7为电能表的安装。

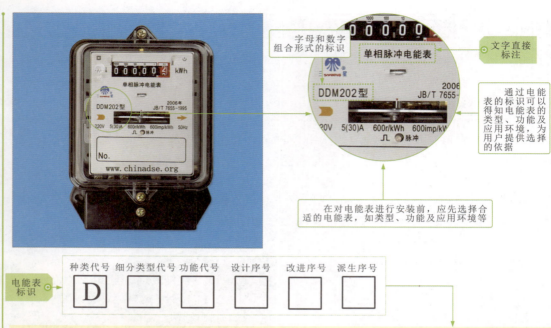

种类代号	细分类型代号（组别代号）	功能代号（由1个、2个或3个字母组成）	设计序号	改进序号	派生序号（特殊适用类别）
一般电能表的种类代号均为字母"D"	A：安培小时计电能表 B：标准电能表 D：单相电能表 F：伏特小时计电能表 J：直流电能表 M：脉冲电能表 S：三相三线电能表 T：三相四线电能表 X：无功（三相四线）电能表	F：复费率（分时计费）电能表 S：电子式电能表 Y：预付费电能表 D：多功能电能表 M：脉冲电能表 Z：最大需量电能表 X：无功电能表 I：载波电能表	一般用阿拉伯数字表示	一般用小写汉语拼音字母表示	T：湿热/干热两用 TH：湿热专用 TA：干热专用 G：高原专用 H：船用 F：化工防腐 K：开关板式 J：带接触器的脉冲电能表

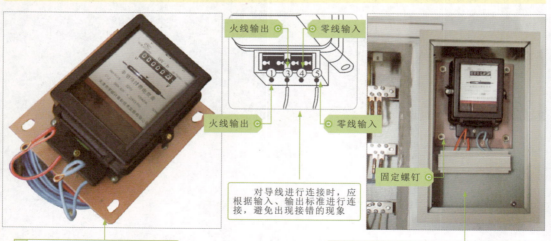

▶▶▶ 图8-7 电能表的安装

◇ 总断路器的安装

总断路器又称为空气开关，具有过流保护功能，如果电流过大，断路器会自动断开，起到保护电能表及用电设备的作用。在安装总断路器之前，应先选配，然后安装，如图8-8所示。

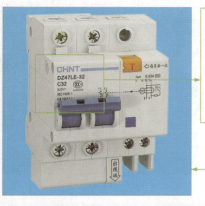

DZ47LE-32
- 外壳等级额定电流：32A
- 设计序号
- 类型：W-万能式断路器
  - WX-万能式限流型断路器
  - Z-塑料外壳式断路器
  - ZX-塑料外壳式限流断路器
  - ZL-漏电保护式断路器
  - SL-快速断路器
  - M-灭磁断路器（开关）
- 产品：D-断路器

DZ47LE-32：型号标识。C32：应用场合及额定电流标识，C表示照明保护型（D表示动力保护型），32表示在规定条件下，断路器内脱扣器处所允许长期流过的工作电流为32A

选总断路器，需要根据公式计算出负荷的功率值，然后转换成电流，根据负荷电流值选配断路器规格，如所有负载的总功率为11kW，取总功率的60%～70%，有效功率约为6600W，根据公式可以算出，电流$I=P/U$=6600 W÷220 V≈30 A，因此选择断路器的最大电流不应低于30A，这里选用额定电流为32A的断路器

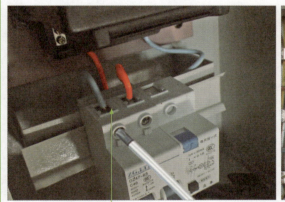

1 将总断路器固定在导轨上，并将相线和零线分别插入断路器的输入接线端上

2 用螺钉旋具拧紧导线固定螺钉后，连接输出导线时，应保证总断路器处于断开状态

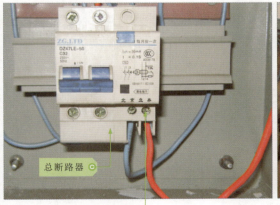

3 将相线连接在L接线端；零线连接在N接线端，并使用螺钉旋具拧紧导线固定螺钉

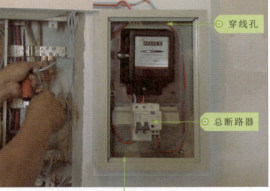

4 将总断路器输出的导线从配电箱上端穿线孔处穿出，并与用电设备连接，完成安装

图8-8 总断路器的安装

◇ 配电箱的接地连接

在家用配电箱中，使用一根接地线（支线）将配电箱接地点与建筑主体接地干线连接，如图8-9所示。

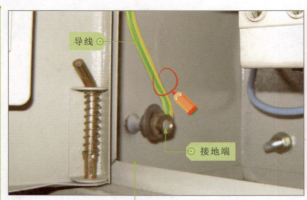

1 配电箱接地时，可以先使用导线连接在配电箱内部的接地端

2 将配电箱接地端的导线引出后，可与楼道内的公共接地端连接，完成配电箱的接地操作

配电箱的接地线必须选用规格合适的黄、绿双色线，不可用其他颜色的线材。

▶▶▶ 图8-9 配电箱接地线的连接

通常，配电箱安装在建筑物的墙面上，其墙内有钢筋或混泥土，可利用钢筋混泥土柱内的钢筋作引下线（一般情况下与室外的接地线进行连接），从而构成公共接地点，因此在对配电箱进行接地连接时，可利用该公共点进行连接，如图8-10所示。

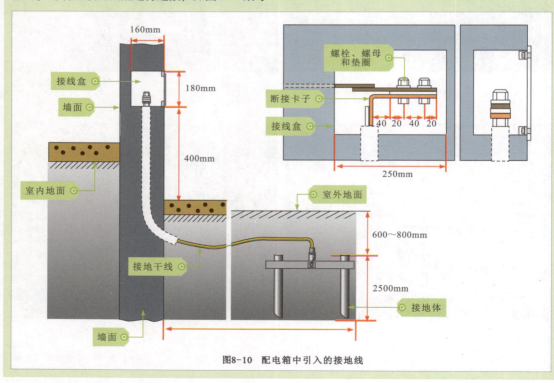

图8-10 配电箱中引入的接地线

2 配电盘的安装技能

配电盘是家庭供配电系统中安装在住户室内的配电设备,配电盘的安装包括配电盘外壳的安装、支路断路器的安装与接线环节。

◇ 配电盘外壳的安装

配电盘用于分配家庭的用电支路,在安装配电盘之前,首先确定配电盘的安装位置、高度等,然后根据安装标准,将配电盘安装在指定位置上,如图8-11所示。

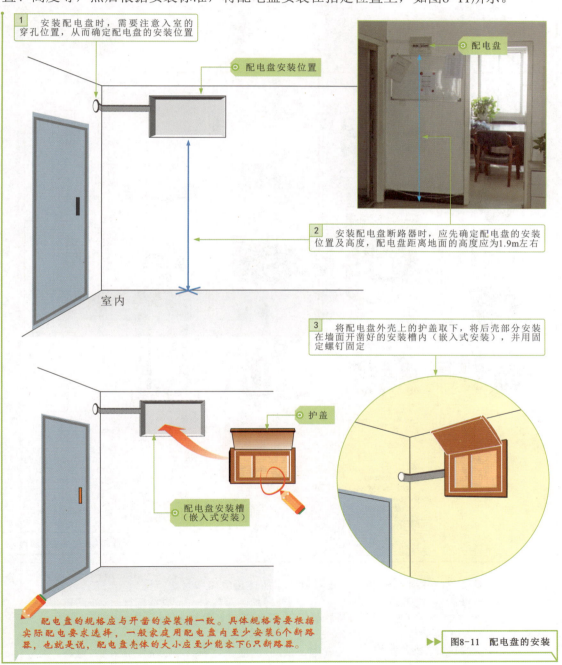

▶▶ 图8-11 配电盘的安装

◇ 支路断路器的安装与接线

安装支路断路器之前,需要合理选配合适规格的支路断路器。选配时,可根据计算公式计算出需要选用断路器的电流大小。根据供电分配原则,要求每一个用电支路配一个断路器,选配的断路器应至少包括照明支路断路器、插座支路断路器、空调支路断路器、厨房支路断路器和卫生间支路断路器几种,如图8-12所示。

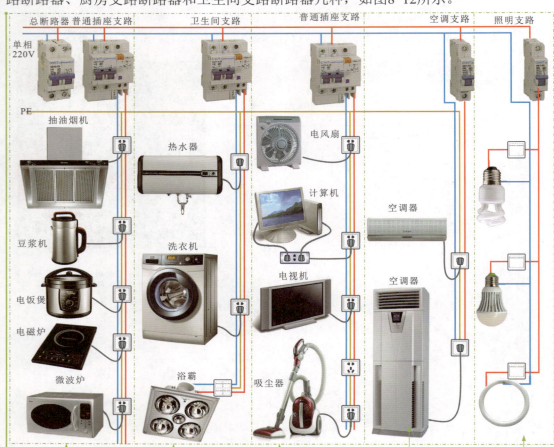

厨房支路是专门给厨房中的电器设备(电冰箱、电磁炉、微波炉、抽油烟机)进行供电的支路。估计总用电功率为3000~4000W。按照计算公式 $I=P/U=4000W/220V≈18A$。
一般选用20A(≥18A)双进双出带漏电保护器的断路器

卫生间支路是专门给卫生间中的电器设备(洗衣机、热水器、浴霸)进行供电的支路。估计总用电功率为1500~3500W。$I=P/U=3500W/220V≈16A$。
一般选用16A双进双出带漏电保护器的断路器

插座支路主要包括室内所有的用于连接小功率家用电器(电视机、计算机、吸尘器、饮水机、充电器、组合音响、台灯等)的插座。估计总功率1000~2500W。$I=P/U=2500W/220V≈10A$。一般可选用16A双进双出带漏电保护功能的断路器

空调支路是专门给空调器供电的支路。空调器为大功率家用电器,估计总用电功率为2000~4000W。$I=P/U=4000W/220V≈18A$。一般选用20A单进单出断路器

照明支路包括室内所有的照明灯具,如8~10只节能灯(4~25W)、吊灯40~100W)、吊扇灯(25~125W)等,估计总用电功率为100~425W。$I=P/U=425W/220V≈2A$,一般选用10A的单进单出断路器

▶▶ 图8-12 配电盘内支路断路器的选配

除了根据电器功率计算选配外,还可以根据所连接线路线材进行配比,一般:
1.5mm²电线配10A的断路器;2.5mm²电线配16A的断路器;4mm²电线配20A的断路器。
为避免因市电电压不稳定、线路设计不当导致断路器频繁跳闸,可提高断路器与电线的配比。一般高配选择方式:
1.5mm²电线配16A的断路器;2.5mm²电线配20A的断路器;4mm²电线配25A的断路器。

支路断路器选配完成后,将选配好的支路断路器安装到配电盘内。一般为了便于控制,在配电盘中还安装有一只总断路器(一般可选带漏电保护的断路器),用于实现室内的供配电线路的总控功能。配电盘内断路器全部安装完成后,按照"左零右火"原则连接供电线路,最终完成配电盘的安装,如图8-13所示。

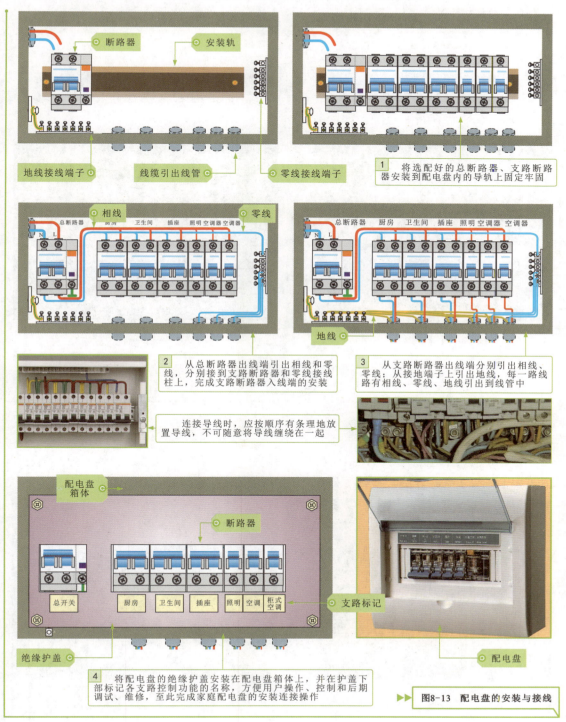

图8-13 配电盘的安装与接线

8.1.3 家庭供配电系统的调试与检修技能

在家庭供配电系统安装完毕后，需要对系统的安装质量进行调试和检验，合格后才能交付使用。对家庭供配电系统进行验收时，先用相关检测仪表检查各路通断和绝缘情况，然后进一步检查每一条供电支路运行参数，最后方可查看各支路控制功能。

1 检查线路的通断情况

使用电子试电笔对线路的通断情况进行检查：按下电子试电笔上的检测按键后，若电子试电笔显示屏显示出"闪电"符号，则说明线路中被测点有电压；若屏幕无显示，则说明线路存在断路故障，如图8-14所示。

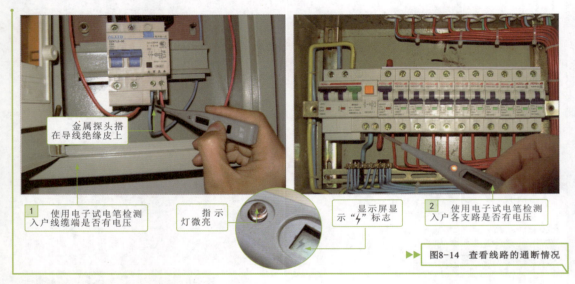

▶▶▶ 图8-14 查看线路的通断情况

2 检查运行参数是否正常

供配电系统的运行参数只有在允许范围内才能保证供配电系统长期正常运行。下面以配电箱内总电流为例，检测家庭供配电系统中总电流值，如图8-15所示。

▶▶▶ 图8-15 配电箱总电流的检测

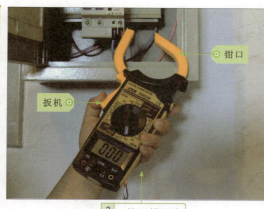
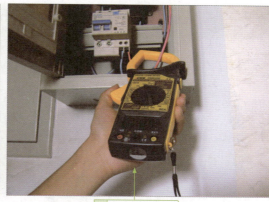

3 按下钳形表的扳机，打开钳口　　钳口　扳机

4 钳住一根待测导线

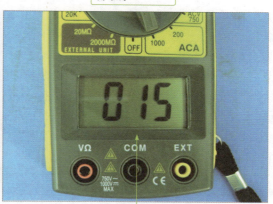

5 按下"HOLD"按钮进行数据保持

6 配电箱中流过的电流为15A，符合设计要求

▶▶ 图8-15 配电箱总电流的检测（续）

3 查看支路控制功能是否正常

确认各供配电支路的通断及绝缘情况无误，并且其线路运行参数测量均检测正常后，便可进一步检查室内用电设备的供电是否正常。检查室内照明设备的控制功能是否正常如图8-16所示。

若发现所安装供配电线路中的配电支路异常，则需要顺线路走向逐一核查供配电线路各安装环节及线路中的电气部件。

用电设备（照明灯具）

配电盘

查看室内照明灯能否正常点亮和熄灭

▶▶ 图8-16 查看线路的控制功能

8.2 小区供配电系统的规划设计与设备安装

8.2.1 小区供配电系统的规划设计

小区供配电线路决定小区内公共照明、消防、楼宇对讲、家庭照明和用电等多方面的运行，因此在进行小区供配电线路设计时，需要遵循必要的设计要求，如配电室选址要求、防火要求、防水要求、隔离噪声及电磁屏蔽等。

1 选址要求

设计小区供配电系统要遵循稳定、安全、科学、合理的基本原则。首先需要确定供配电系统中主要设备的安装位置，低压配电柜一般设计安装在楼宇附近，利于配线安装；楼内配线箱要求设计在楼道中。总变配电室是变配电系统的中间枢纽，变配电室的建筑与安装应严格遵照建筑电气安装工程的要求，设计时，应参照供电半径的要求（150米），接近负荷中心，满足末端客户的电压质量，如图8-17所示。

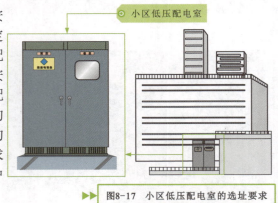

▶▶▶ 图8-17 小区低压配电室的选址要求

2 线路配置方式设计要求

在小区供配电系统中，楼内主干线配置要求每个住宅楼门采用三相四线制供电，楼内干线为三相四线制，按层分相平衡配置三相负荷，如图8-18所示。

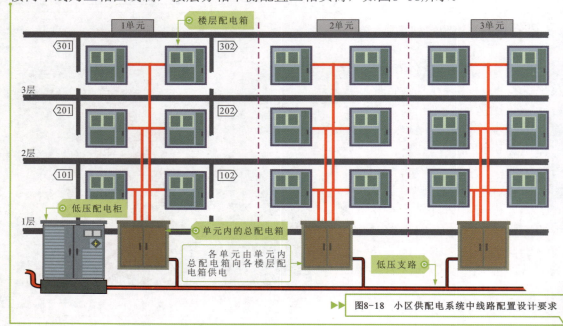

▶▶▶ 图8-18 小区供配电系统中线路配置设计要求

如果是高层建筑物，则可在配电方式上针对不同的用电特性采用不同的配电连接方式。住户用电的配电线路多采用放射式和链式混合的接线方式；公共照明的配电线路则采用树干式接线方式；对于用电不均衡部分，则会采用增加分区配电箱的混合配电方式，接线方式上也多为放射式与链式组合的形式，如图8-19所示。

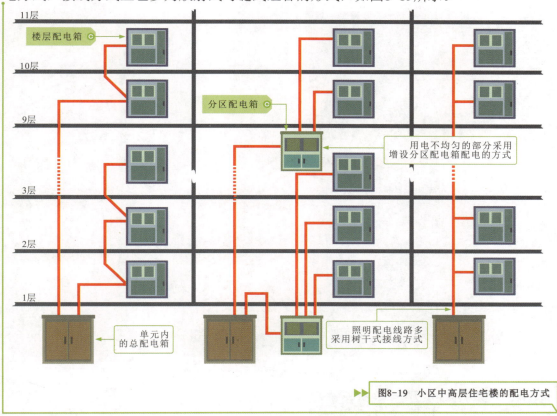

▶▶▶ 图8-19 小区中高层住宅楼的配电方式

3 线路负荷设计要求

小区供配电线路负荷设计，要求电工先对小区的用电负荷进行周密的考虑，通过科学的计算方法，计算出建筑物用户及公共设备的用电负荷范围，然后根据计算结果和安装需要选配适合的供配电器件和线缆，如图8-20所示。

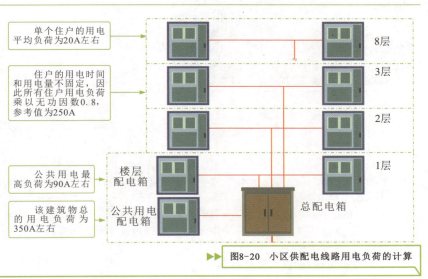

▶▶▶ 图8-20 小区供配电线路用电负荷的计算

4　线路的敷设要求

小区供配电线路不能明敷，应采用地下管网施工方式，将传输电力的电线、电缆敷设在地下预埋管网中，如图8-21所示。

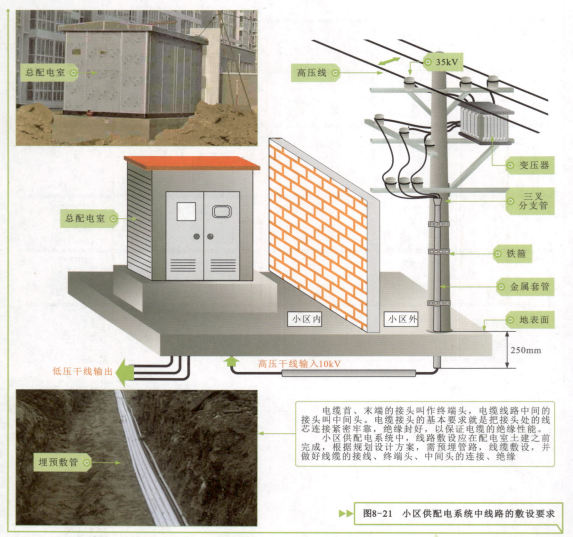

▶▶ 图8-21　小区供配电系统中线路的敷设要求

小区供配电线路设计其他方面的要求：
- 防火要求。总配电室安装设计需要注意防火要求。建筑防火按照《建筑设计防火规范》（GB50016-2014）执行。
- 防水要求。小区供配电线路设计需要注意防水要求。电气室地面宜高于该层地面标高0.1米（或设防水门槛）。电气室上方上层建筑内不得设置给排水装置或卫生间。
- 隔离噪声及电磁屏蔽要求。总配电室正常工作会产生噪声及电磁辐射，设计要求屋顶及侧墙、内敷钢网及钢结构和阻音材料，以隔离噪声和电磁辐射，钢网及钢结构应焊接并可靠接地。
- 通风要求。变配电室内宜采用自然通风。每台变压器的有效通风面积为2.5～3平方米，并设置事故排风。
- 配电室内不应有无关管线通过。

8.2.2 小区供配电设备的安装技能

小区供配电系统的安装主要包括变配电室、低压配电柜的安装。

1 变配电室的安装

小区的变配电室是配电系统中不可缺少的部分，也是供配电系统的核心。变配电室应架设在牢固的基座上，如图8-22所示，且敷设的高压输电电缆和低压输电电线必需由金属套管进行保护，施工过程一定要注意在断电的情况下进行。

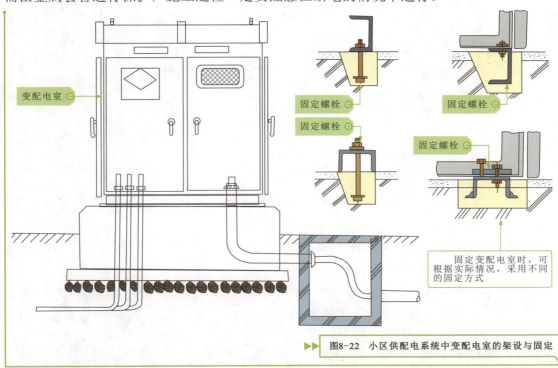

▶▶ 图8-22 小区供配电系统中变配电室的架设与固定

2 低压配电柜的安装

在小区供配电系统中，低压配电柜一般安装在楼体附近，如图8-23所示，用于对送入的380V或220V交流低压进行进一步分配后，分别送入小区各楼宇中的各动力配电箱、照明（安防）配电箱及各楼层配电箱中。楼宇配电柜的安装、固定和连接应严格按照施工安全要求进行。

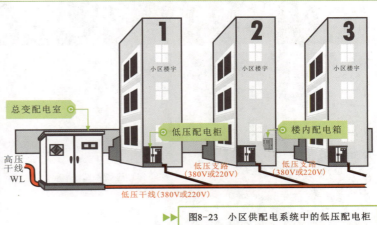

▶▶ 图8-23 小区供配电系统中的低压配电柜

对小区配电柜进行安装连接时,应先确认安装位置、固定深度及固定方式等,然后根据实际的需求,确定所有选配的配电设备、安装位置并确定其安装数量等,如图8-24所示。

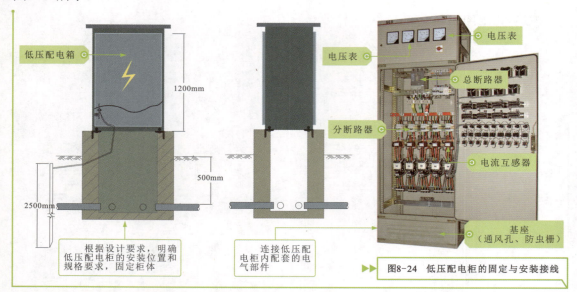

▶▶ 图8-24 低压配电柜的固定与安装接线

固定低压配电柜时,可根据配电柜的外形尺寸进行定位,并使用起重机将配电柜吊起,并放在需要固定的位置,校正位置后,应用螺栓将柜体与基础型钢紧固,如图8-25所示,配电柜单独与基础型钢连接时,可采用铜线将柜内接地排与接地螺栓可靠连接,并必须加弹簧垫圈进行防松处理。

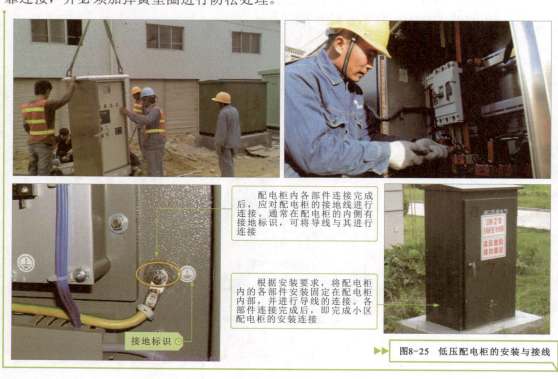

▶▶ 图8-25 低压配电柜的安装与接线

8.2.3 小区供配电系统的调试与检修技能

小区供配电系统设计、安装和连接完成后，需要对系统进行调试，若线路各部件动作、控制功能等都正常，则说明系统安装正常，可投入使用。若调试中发现故障，则需检修。下面以典型小区供配电系统为例进行调试与检修操作。

1 了解系统控制功能

图8-26为典型小区供配电系统的结构。了解系统的控制功能，理清各环节的控制关系，为调整和检修做好准备。

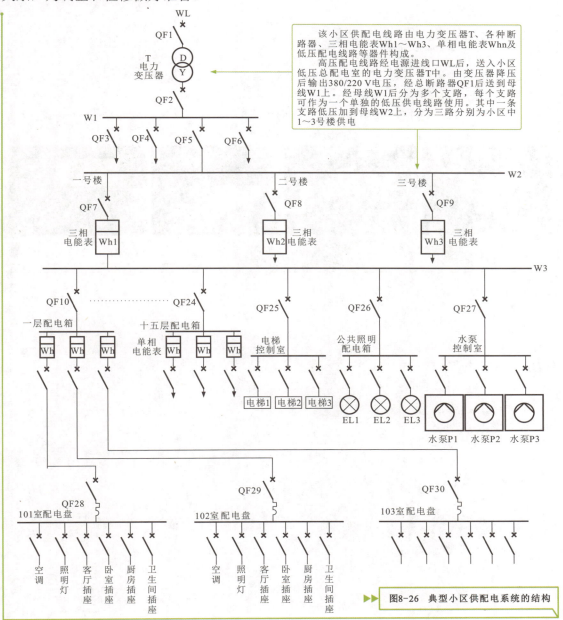

该小区供配电线路由电力变压器T、各种断路器、三相电能表Wh1～Wh3、单相电能表Whn及低压配电线路等器件构成。

高压配电线路经电源进线口WL后，送入小区低压总配电室的电力变压器T中。由变压器降压后输出380/220 V电压，经总断路器QF1后送到母线W1上。经母线W1后分为多个支路，每个支路可作为一个单独的低压供电线路使用。其中一条支路低压加到母线W2上，分为三路分别为小区中1～3号楼供电

▶▶ 图8-26 典型小区供配电系统的结构

2 系统调试

系统安装完成后,首先根据电路图、接线图逐级检查电路的连接情况,有无错接、漏接,并根据小区供配电线路的功能逐一检查总配电室、低压配电柜、楼内配电箱内部件的连接关系是否正常、控制及执行部件的动作是否灵活等,对出现异常部位进行调整,使其达到最佳工作状态,如图8-27所示。

调试线路,验证线路功能。调试线路分为断电调试和通电调试两个方面。通过调试确保线路能够完全按照设计要求实现控制功能,并正常工作。

断电调试	通电调试
首先要根据技术图纸核对元器件型号,校验搭接点力矩,并做标识	拆除测试用短接线,清理工作现场。对高压电容器自动补偿部分进行调试
按照电路图从电源端开始,逐段确认接线有无漏接、错接之处,检查导线接点的连接是否符合工艺要求,相间距是否符合标准。用万用表检查主回路、控制回路连接有无异常	合上电力变压器高压侧断路器QF1,向变压器送电,观察变压器工作状态
检查母线及引线连接是否良好;检查电缆头、接线桩头是否牢固可靠;检查接地线接桩头是否紧固。检查所有二次回路接线连接可靠,绝缘符合要求	合上低压侧配电柜的断路器QF2、QF5,向母排线送电,查看送电是否正常
操作开关操作机构是否到位。检验高压电容放电装置、控制电路的接线螺丝及接地装置是否到位	合上低压配电柜各支路断路器QF7、QF10,观察电流表、电压表指示是否正常
手动调试断路器机械联锁分合闸是否准确	

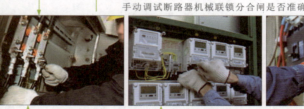

紧固接线桩头　观察电能表及连接　调整断路器接线

图8-27 小区低压供配电系统的调试

3 线路检修

检查小区供配电线路中无电压送出,怀疑总配电室内电气设备异常。断开高压侧总断路器,打开配电室门进行检修,如图8-28所示。

查高压输入开关:
a.查高压输入断路器(带熔断器)支架是否有锈蚀、损坏或异物情况;
b.查开关触点(或接触刀口)是否有氧化、烧蚀或损伤等情况;
c.查连接端子是否有不良情况;
d.查熔断器是否有损伤、变色或变质等情况

高压变压器调试要点:
a.查高压变压器的外壳是否有损伤或过热的情况;
b.查高压变压器是否有异常振动或异常噪声;
c.查高压变压器是否有漏电的情况;
d.查高压变压器的连接处是否有损伤、锈蚀、污物等情况

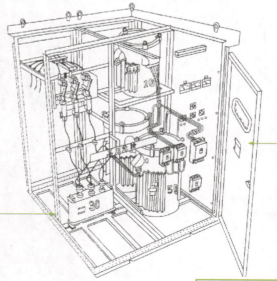

图8-28 小区低压供配电系统的检修

8.3 工地临时用电系统的规划设计与设备安装

8.3.1 工地临时用电系统的规划设计

工地临时用电系统是在工地建设时为了实现工地照明、动力设备用电而临时搭建的供配电系统,在工地设施未完工前提供电能输送;工地完工后需要按要求拆除。通常,工地临时用电系统包括电源、配电箱和用电设备三部分,如图8-29所示。

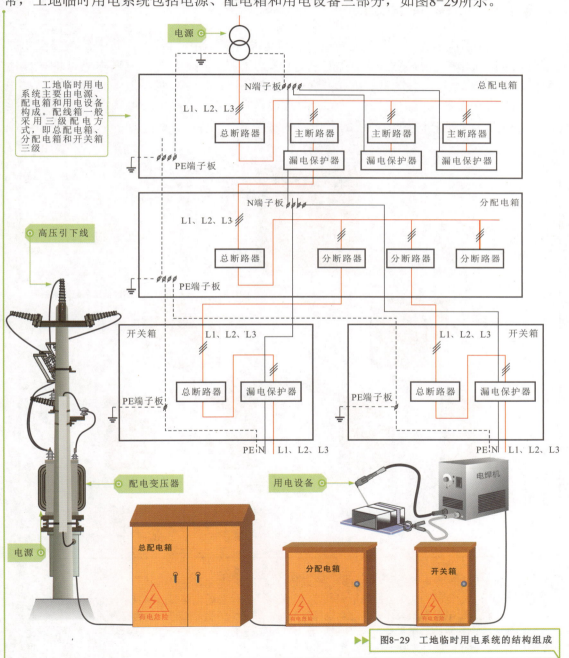

工地临时用电系统主要由电源、配电箱和用电设备构成。配线箱一般采用三级配电方式,即总配电箱、分配电箱和开关箱三级。

▶▶▶ 图8-29 工地临时用电系统的结构组成

工地临时用电系统设计要求的核心是满足负荷需求、安全、可靠。其中，用电安全是保证工程正常施工的基础，线路中所有设计内容均需要遵循《施工现场临时用电安全技术规范》。

这里重点从工地临时用电系统的配电及保护形式、接地方式和安全防护三方面介绍，具体细节应按国家标准文件《施工现场临时用电安全技术规范》（编号JGJ 46—2005）执行。

1 配电及保护形式要求

工地临时用电系统设计要求采用"三级配电两级保护"系统。其中，三级配电是指施工现场从电源进线开始至用电设备之间，经过三级配电装置配送电力，即电路经总配电箱开始，依次经分配电箱和开关箱后送入用电设备。两级保护是指在三级配电中至少两级设置漏电保护器设备，一般要求设置在总配电箱和开关箱中。

图8-30为工地临时用电系统的配电及保护形式。

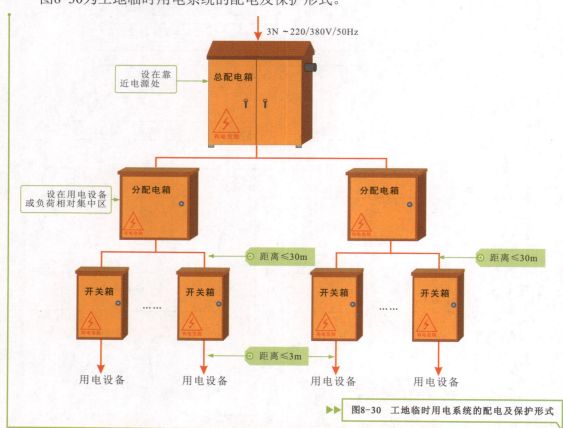

▶▶ 图8-30 工地临时用电系统的配电及保护形式

在进行工地临时用电线路方案设计时，必须遵循以下几项基本要求：
· 从一级总配电箱向二级分配电箱配电可以分路，即一个总配电箱可以向若干分配电箱配电。
· 从二级分配电箱向三级开关箱配电也可以分路，即一个分配电箱可以向若干开关箱配电。
· 从三级开关箱向用电设备配电必须实行"一机、一闸、一漏、一箱"要求，不存在分路问题，即每一个开关箱只能连接控制一台与其相关的用电设备（含插座）。

- 动力配电箱与照明配电箱应分别设置。若动力与照明合置于同一配电箱内共箱配电，则动力与照明应分路配电。
- 动力开关箱与照明开关箱必须分箱设置，不存在共箱分路设置问题。
- 分配电箱与开关箱之间，开关箱与用电设备之间的空间间距应尽量缩短。
- 开关箱（末级）应有漏电保护且保护器正常，漏电保护装置参数应匹配。
- 配电箱的安装位置应恰当，周围无杂物，以便操作。
- 若配电箱内设计多路配电，则应有标记。
- 配电箱下引出线应整齐，且配电箱应有门、锁和防雨措施。
- 配电箱所处环境应干燥、通风、常温，周围无易燃、易爆物及腐蚀介质，不可堆放杂物和器材。

2 接地方式要求

临时用电工程为220/380V三相五线制低压电力系统，采用专用电源中性点直接接地，接地方式必须为TN-S接零保护系统，即工作零线与保护零线分开设置的接零保护系统，如图8-31所示。

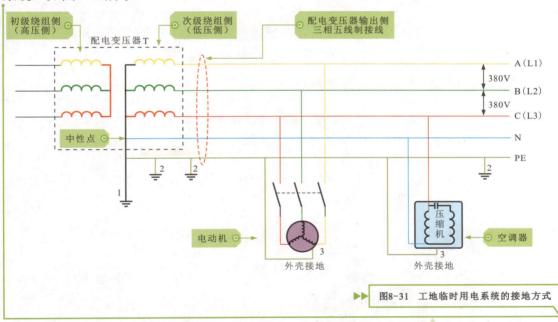

▶▶▶ 图8-31 工地临时用电系统的接地方式

变压器输出绕组的中性点直接接地。 工作零线与保护零线（PE线）也接地。
图中的接地含义：1—工作接地；2—PE重复接地；3—电气设备金属外壳（正常不带电的外露可导电部分）；
L1、L2、L3—相线；N—工作零线；PE—保护零线。

3 安全防护要求

工地临时用电线路设计，安全用电是方案设计的总准则。在实际施工设计中，需要明确安全规范要求，在各级配电箱外壳设置安全防护栏，警示提醒信息等，如图8-32所示。

▶▶ 图8-32 工地临时用电系统的安全防护要求

8.3.2 工地临时用电设备的安装技能

工地临时用电系统中的设备主要包括配电变压器及周边设备（电源）、总配电箱、分配电箱及开关箱等。下面分别介绍这些设备的安装技能。

1 配电变压器及周边设备的安装

配电变压器、跌落式高压熔断器、避雷器、接地装置等构成了工地临时用电系统的电源部分，安装时需要配合安装和连接。

◇ 配电变压器的安装

配电变压器需要安装在电杆的架台上，安装时，通常需要借助起重机将其吊起，安放在架台上，并进行固定，如图8-33所示。

1　吊装变压器时，索具必须合格，钢丝绳必须挂在变压器外壁（油箱壁）的4个吊耳上，这4个吊耳可承受住油箱内装满油的变压器总重量，应同时使用油箱上的4个吊耳

2　将变压器安放到架台上时，一般需要起重工与电工配合作业，通常可根据变压器的重量、现场条件和吊距合理选择起吊机具（起重机），然后对变压器进行吊装

▶▶ 图8-33 配电变压器的安装

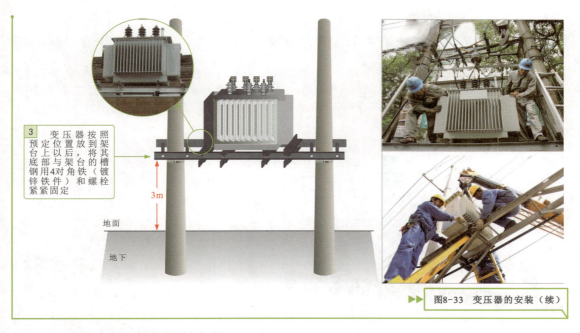

▶▶ 图8-33 变压器的安装（续）

◇ 跌落式高压熔断器的安装

跌落式高压熔断器主要由绝缘支架、熔断器熔体等构成，安装在配电变压器高压侧或输送给分支的线路上，如图8-34所示，具有短路保护、过载及隔离电路的功能。

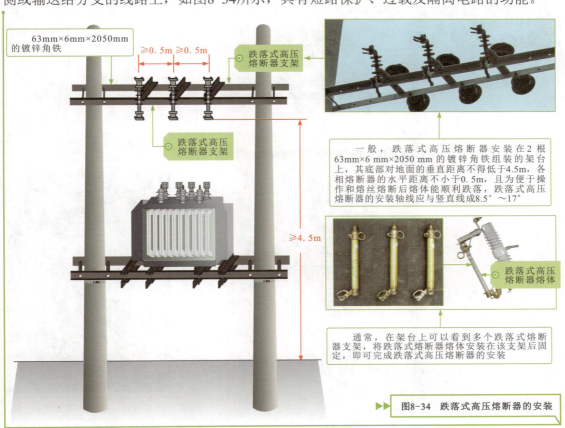

▶▶ 图8-34 跌落式高压熔断器的安装

值得注意的是，跌落式高压熔断器的熔丝按配电变压器内部或高、低压出线发生短路时能迅速熔断的原则进行选择。

熔丝的熔断时间必须小于或等于0.1s。通常，配电变压器容量在100kVA及以下时，跌落式高压熔断器的熔丝额定电流按变压器高压侧额定电流的2～3倍选择；变压器容量在100kVA以上时，跌落式高压熔断器的熔丝额定电流按变压器高压侧额定电流的1.5～2.0倍选择。

◇ 避雷器的安装

避雷器是配电变压器中必不可少的防雷装置，一般高压侧避雷器应安装在高压熔断器与变压器之间，通常安装在一根63mm×6mm×2050mm 的镀锌金属横担上。

图8-35为避雷器的安装。

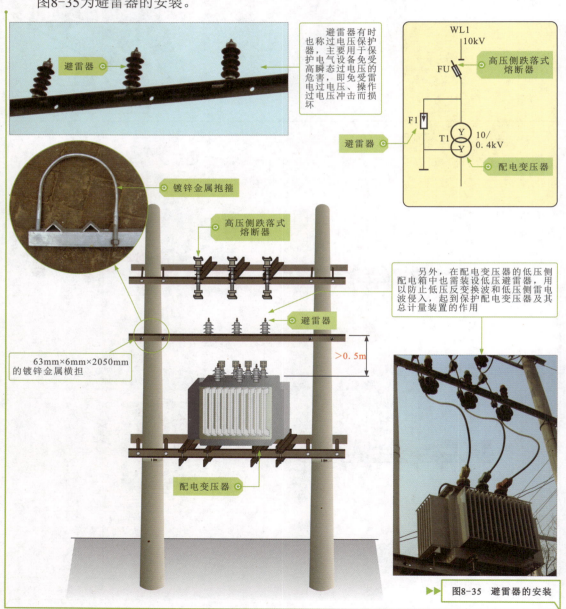

图8-35 避雷器的安装

◇ 接地装置的安装

接地装置主要由接地体和接地线组成。通常，直接与土壤接触的金属导体被称为接地体；电气设备与接地线之间连接的金属导体被称为接地线。接地装置的安装包括接地体的安装和接地线的安装两部分，如图8-36所示。

在安装接地体时，应尽量选择自然接地体进行连接，这样可以节约材料和费用。安装时，首先需要制作垂直接地体。垂直安装管钢接地体和角钢接地体长度应在2500mm左右。接地体下端呈尖脚状，其中角钢的尖脚应保持在角脊线上，尖点的两条斜边要求对称。而钢管的下端应单面削尖，形成一个尖点，便于安装时打入土中。垂直接地体的上端部可与扁钢（40mm×4mm）焊接，用作接地体的加固，以及作为接地体与接地线之间的连接板

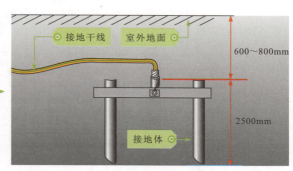

值得注意的是，变压器外壳必须保证良好接地，一般可将其外壳与防雷地线间用螺栓拧紧，不可焊接，以便检修

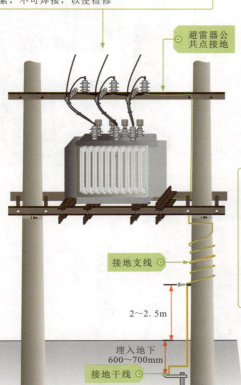

配电电力变压器接地线的连接点一般埋入地下600~700mm处。
在接地干线引出地面2~2.5m处断开，再用螺母压紧，以便检测接地电阻。
为了检测方便和用电安全，引上线连接点应设在变压器底下的槽钢位置

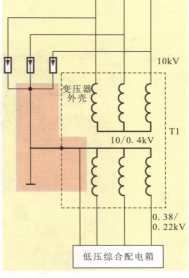

② 将避雷器的接地端、变压器的外壳及低压侧中性点用横截面积不小于25mm²的多股铜蕊塑料线连接，将连接好的接地线连接在接地装置上，起到防雷保护作用

▶▶ 图8-36 接地装置的安装

2　总配电箱的安装

总配电箱主要用于与配电变压器输出侧连接，通常为标准统一的低压综合不锈钢配电箱，一般安装于配电变压器架台下侧，如图8-37所示。

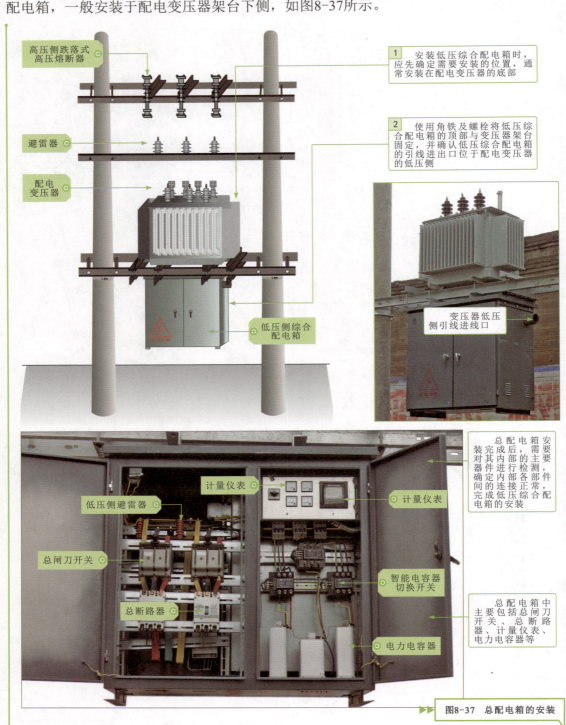

图8-37　总配电箱的安装

配电变压器及相关配电装置、总配电箱安装好后,接下来需要使用相应规格的导线将这些装置连接起来,如图8-38所示。

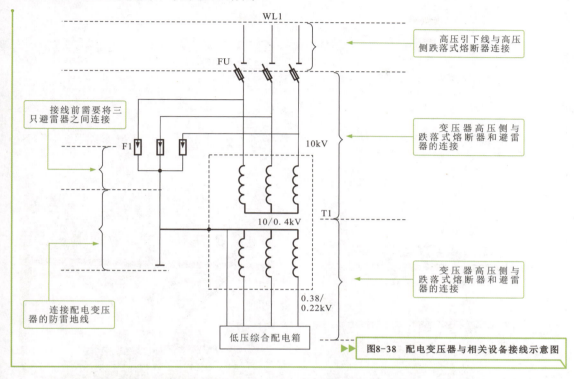

图8-38 配电变压器与相关设备接线示意图

配电变压器与相关设备接线之前,需要先将避雷器两两之间连接,再与接地装置引线相连接,避雷器之间的连接线通常为横截面积不小于25mm²的多股铜芯塑料线,如图8-39所示。

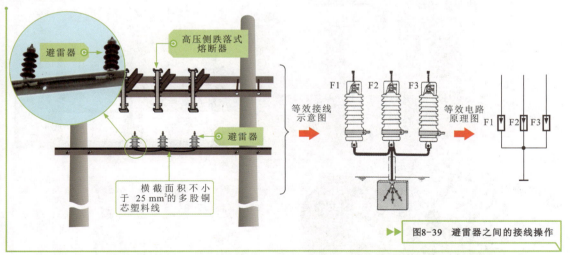

图8-39 避雷器之间的接线操作

避雷器之间接线完成后,接下来需要按供电关系将高压引下线与跌落式熔断器、避雷器、配电变压器及总配电箱连接。

图8-40为配电变压器与相关设备的接线。

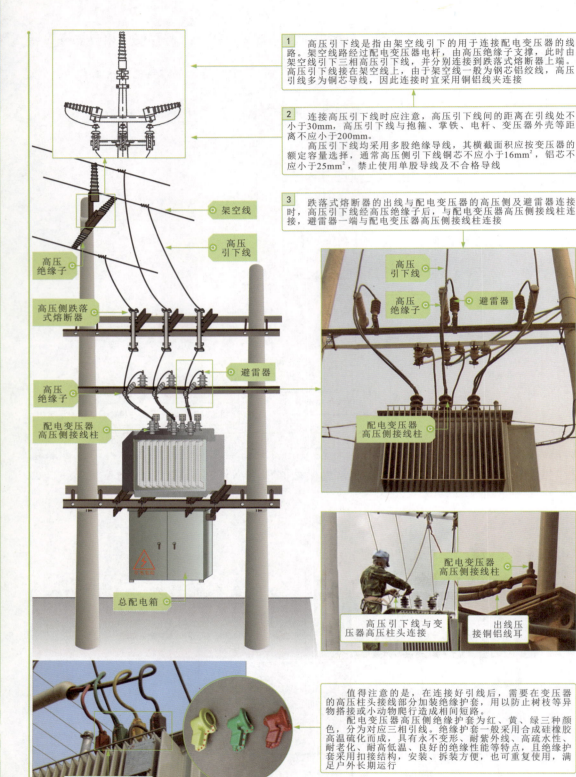

1 高压引下线是指由架空线引下的用于连接配电变压器的线路。架空线路经过配电变压器电杆时，由高压绝缘子支撑，此时由架空线引下三相高压引下线，并分别连接到跌落式熔断器上端。高压引下线接在架空线上，由于架空线一般为钢芯铝绞线，高压引线多为铜芯导线，因此连接时宜采用铜铝线夹连接

2 连接高压引下线时应注意，高压引下线间的距离在引线处不小于30mm，高压引下线与抱箍、掌铁、电杆、变压器外壳等距离不应小于200mm。
高压引下线均采用多股绝缘导线，其横截面积应按变压器的额定容量选择，通常高压侧引下线铜芯不应小于16mm²，铝芯不应小于25mm²，禁止使用单股导线及不合格导线

3 跌落式熔断器的出线与配电变压器的高压侧及避雷器连接时，高压引下线经高压绝缘子后，与配电变压器高压侧接线柱连接，避雷器一端与配电变压器高压侧接线柱连接

值得注意的是，在连接好引线后，需要在变压器的高压柱头接线部分加装绝缘护套，用以防止树枝等异物搭接或小动物爬行造成相间短路。
配电变压器高压侧绝缘护套分为红、黄、绿三种颜色，分为对应三相引线。绝缘护套一般采用合成硅橡胶高温硫化而成，具有永不变形、耐紫外线、高疏水性、耐老化、耐高低温、良好的绝缘性能等特点，且绝缘护套采用扣接结构，安装、拆装方便，也可重复使用，满足户外长期运行

▶▶ 图8-40 配电变压器与相关设备的接线

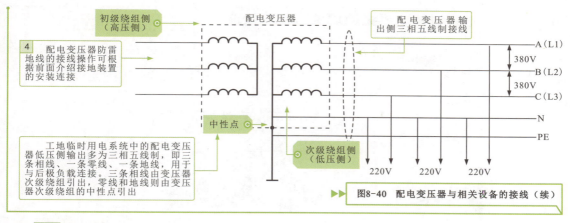

▶▶▶ 图8-40 配电变压器与相关设备的接线（续）

3 分配电箱和开关箱的安装

分配电箱、开关箱安装在总配电箱后级。通常，总配电箱、分配电箱和开关箱在安装前根据配电需求，将内部电气部件连接，并与箱体固定连接，作为成套开关设备连接到工地临时用电系统中，如图8-41所示。

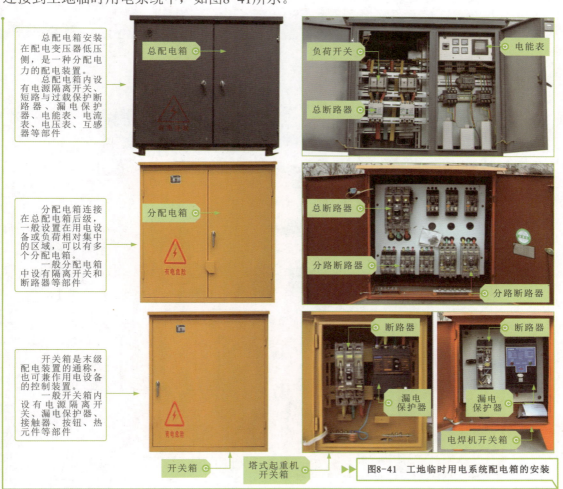

▶▶▶ 图8-41 工地临时用电系统配电箱的安装

8.3.3 工地临时用电系统的调试与检修技能

工地临时用电系统安装完成后，需要对系统连接的正确性、运行的安全性进行检查调试，若调试过程中发现异常情况，需要及时检修处理，确保系统配电功能正常，如图8-42所示。

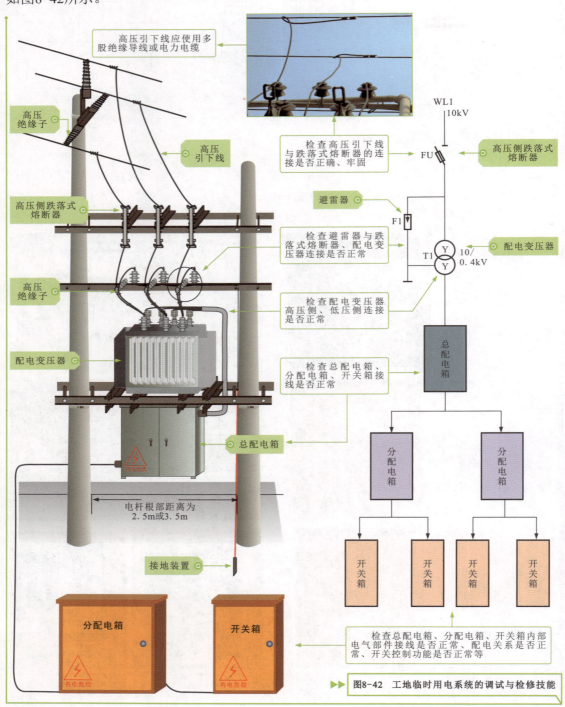

▶▶ 图8-42 工地临时用电系统的调试与检修技能

第9章 电力拖动系统的安装、调试与检修技能

9.1 电力拖动系统的规划设计与设备安装

9.1.1 电力拖动线路的设计要求

电力拖动线路是决定电动设备能否正常工作、合理拖动机械设备、完成动力控制的关键部分，在进行线路设计之初，需要综合了解电力拖动线路的设计要求，并以此作为规划、设计和安装总则。

1 要满足并实现生产机械对拖动系统的需求

电力拖动线路是为整个生产机械和工艺过程服务的，在对该电路进行设计前，首先要把生产要求弄清楚，了解生产设备的主要工作性能、结构特点、工作方式和保护装置等方面。一般控制线路只能满足电力拖动系统中的启动、方向和制动功能，如图9-1所示。有一些还要求在一定范围内平滑调速，当出现意外或发生事故时，要有必要的保护及信号预报，并且要求各部分运动时的配合和连锁关系等。

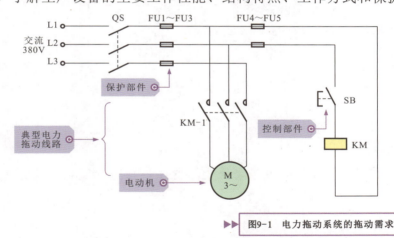

▶▶ 图9-1 电力拖动系统的拖动需求

2 电力拖动线路应力求简单便捷

电力拖动线路的设计既要满足生产机械的要求，还要使整个系统简单、经济、合理、便于操作并方便日后的维修，尽量减少导线的数量和缩短导线的长度，尽量减少电气部件的数量，尽量减少线路的触头，保证控制功能和时序的合理性。

◇ 尽量减小导线的数量和缩短导线的长度

在设计控制线路时，应考虑到各个元器件之间的实际连接和布线，特别应注意电气箱、操作台和行程开关之间的连接导线。通常，启动按钮与停止按钮是直接连接的，如图9-2所示，这样的连接方式可以减少导线，缩短导线的长度。

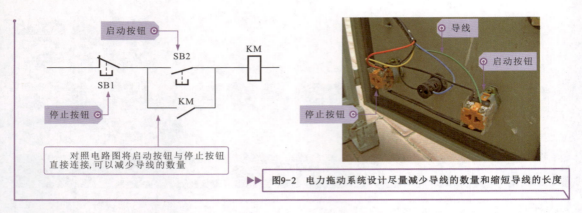

▶▶▶ 图9-2 电力拖动系统设计尽量减少导线的数量和缩短导线的长度

◇ 尽量减少电气部件的数量

在对电力拖动系统进行设计时，应减少电气部件的数量，简化电路，提高线路的可靠性。使用电气部件时，应尽量采用标准的和同型号的电气设备。

◇ 尽量减少线路的触头

在设计电力拖动系统时，为了使控制线路简化，在功能不变的情况下，应对控制线路进行整理，尽量减少触头的使用，如图9-3所示。

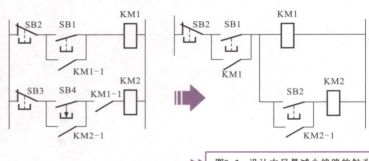

▶▶▶ 图9-3 设计中尽量减少线路的触头

◇ 控制功能和时序的合理性

控制电路工作时，除非必要的电气部件需要通电工作外，其余电气部件应尽量减少通电时间或减少通电电路部分，降低故障率，节约电能。

3 电力拖动线路设计要保证控制线路的安全和可靠

◇ 电气部件动作的合理性

在控制线路中，应尽量使电气部件的动作顺序合理化，避免经许多电气部件依次动作后，才可以接通另一个电气部件的情况，如图9-4所示，电路将开关SB1闭合后，则KM1、KM2和KM3可以同时动作。

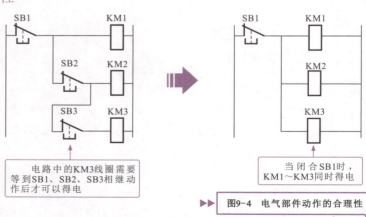

▶▶▶ 图9-4 电气部件动作的合理性

◇ 正确连接电气部件的触头

有些电气部件同时具有常开和常闭触头，且触头位置很近。行程开关两个触头的连接如图9-5所示。在对该类部件进行连接时，应将共用同一电源的所有接触器、继电器及执行器件的线圈端均接在电源的一侧，控制触头接在电源的另一侧，以免由于触头断开时产生的电弧造成电源短路的现象。

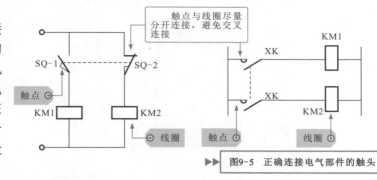

▶▶ 图9-5 正确连接电气部件的触头

◇ 正确连接电气部件的线圈

交流控制电路常常使用交流接触器，在使用时要注意额定工作电压及控制关系，若两个交流接触器的线圈串接在电路中，如图9-6所示，则一个接触器断路，两个接触器均不能工作，而且会使工作电流不足，引起故障。

▶▶ 图9-6 正确连接电气部件的线圈

◇ 应具有必要的保护环节

控制电路在事故情况下应能保证操作人员、电气设备、生产机械的安全，并能有效地制止事故的扩大。为此，在控制电路中应采取一定的保护措施。常用的有漏电保护开关、过载、短路、过电流、过电压、失电压、联锁与行程保护等措施，必要时还可设置相应的指示信号，如图9-7所示。

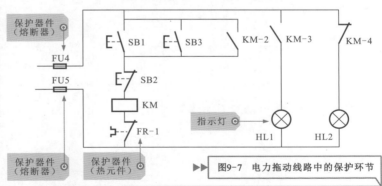

▶▶ 图9-7 电力拖动线路中的保护环节

4 线路设计应尽量使控制设备的操作和维修方便

控制线路均应操作简单和便利，应能迅速和方便地由一种控制方式转换到另一种控制方式，如由自动控制转到手动控制。电控设备应力求维修方便，使用安全，并应有隔离电器，以便带电抢修。总之，无论控制功能如何复杂，都是由一些基本环节组合而成的，在进行线路设计时，只要根据生产和工艺的要求选用适当的单元电路，并将它们合理地组合起来，就能完成线路的设计。

9.1.2 电动机及拖动设备的安装

电动机及拖动设备的安装包括电动机的安装固定及与被拖动设备的连接和安装。下面我们以电动机与水泵（被拖动设备）的安装为例进行具体的安装操作演示。操作时，将安装操作划分成电动机和拖动设备在底板上的安装、电动机与拖动设备的连接、电动机和拖动设备的固定三个步骤。

1 电动机和拖动设备在底板上的安装

水泵和电动机的重量较大，工作时会产生振动，因此不能将其直接安装放在地面上，应安装固定在混泥土基座、木板或专用的底板上，机座、木板或专用底板的长、宽尺寸应足够放置水泵和电动机。

选择底板的类型和规格要根据实际安装设备的规格，要求具有一定机械硬度，具体的安装如图9-8所示。

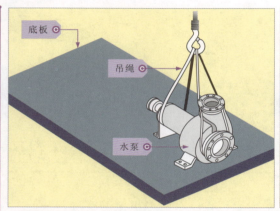
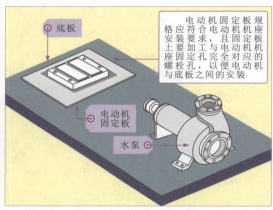

▶▶ 图9-8 电动机和拖动设备在底板上的安装

2 电动机与拖动设备的连接

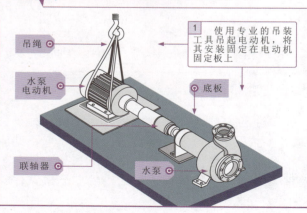

水泵电动机的底板安装完成后，使用专业的吊装工具吊起电动机，将其安装固定在电动机固定板上，如图9-9所示，并通过联轴器与水泵连接，连接过程中应保证水泵传动轴与电动机的转轴中心线在一条水平线上。

▶▶ 图9-9 电动机与拖动设备的连接

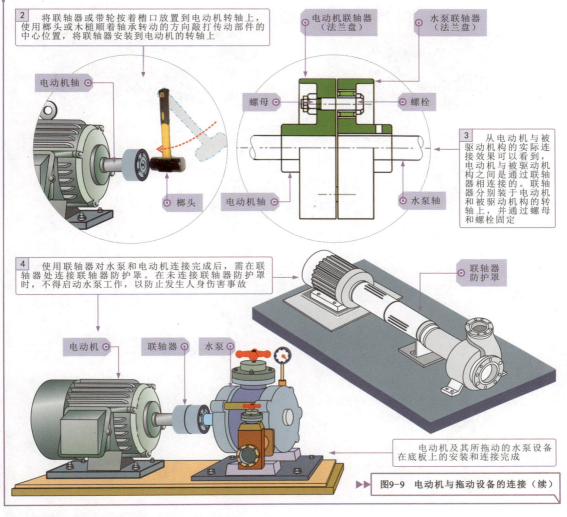

▶▶ 图9-9 电动机与拖动设备的连接（续）

3 电动机和拖动设备的固定

电动机和拖动设备在底板上安装完成后，需要将这一动力拖动机组固定到指定位置的水泥地上，如图9-10所示。

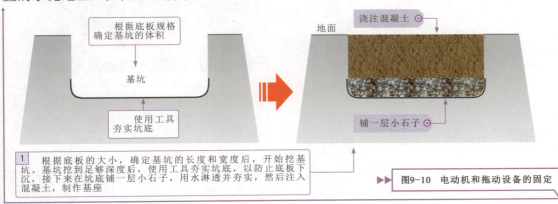

▶▶ 图9-10 电动机和拖动设备的固定

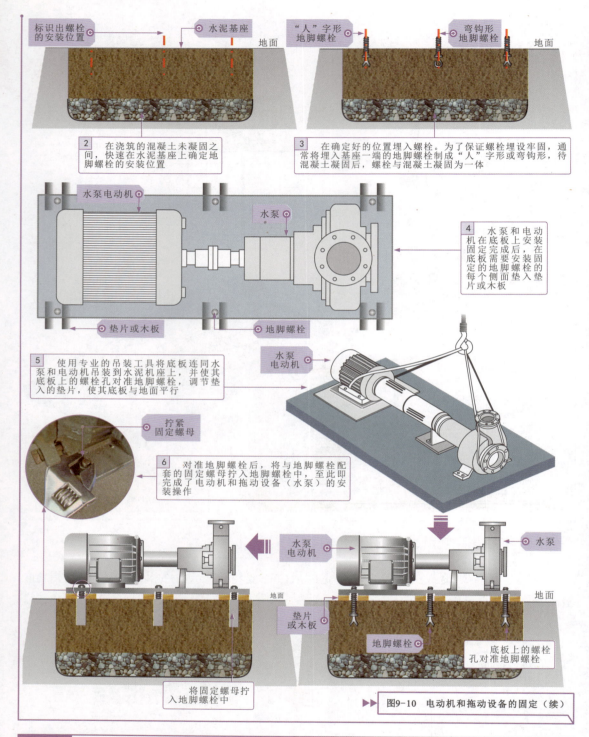

▶▶ 图9-10 电动机和拖动设备的固定（续）

9.1.3 控制箱的安装与接线

控制箱是电力拖动线路中的重要组成部分，线路中的控制部件、保护部件及这些部件之间的电气连接等都集中在控制箱内，以便于操作人员集中安装、维护和操作。

安装控制箱前，首先根据控制要求，将所用电气部件准备好，并进行清点，以免出现电气部件丢失或型号不匹配的情况。整个安装过程分为箱内部件的安装与接线、控制箱的固定两个环节。

1 箱内电气部件的安装和连接

控制箱主要是由箱体、箱门和箱芯组成的。控制箱的箱芯用来安装电气部件。该部分可以从控制箱内取出，根据电气部件的数量确定控制箱外形的尺寸，在安装过程中，应先对电气部件进行布置和安装，然后根据电路图使用导线对各电气部件进行连接。

图9-11为电力拖动系统中常用的控制箱。

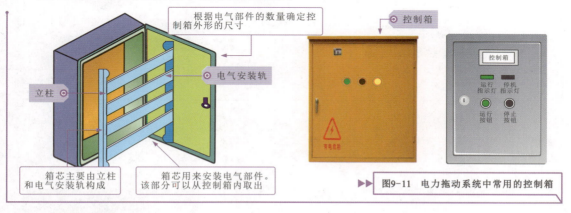

▶▶ 图9-11 电力拖动系统中常用的控制箱

◇ 布置电气部件

根据电动机控制线路中主、辅电路的连接特点，以方便接线为原则，确定熔断器、接触器、继电器、热继电器、按扭等元件在控制箱中的位置，如图9-12所示。

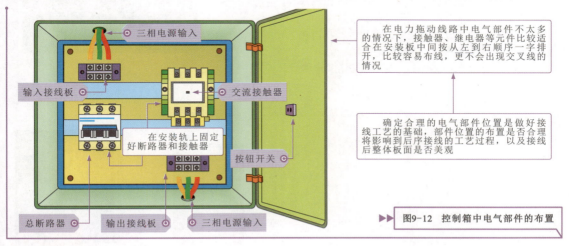

▶▶ 图9-12 控制箱中电气部件的布置

◇ 接线

电气部件布置完成后，接下来应根据线路的原理图和接线图进行接线操作，即将控制箱的断路器、熔断器、接触器等部件连接成具有一定控制关系的电力拖动线路，如图9-13所示。

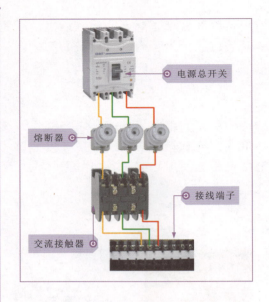
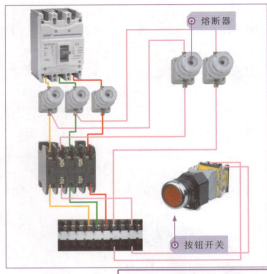

▶▶ 图9-13 控制箱中电气部件的接线

电力拖动线路接线时,必须按照接线工艺要求进行,在确保接线正确的前提下,保证线路电气性能良好、接线美观。控制箱内电气部件接线的基本工艺要求如下:

· 布线通道应尽可能少,同路并行导线应单层平行密排,按主电路、控制电路分类集中。
· 同一平面的导线应高低一致或前后一致,不能交叉。
· 布线应横平竖直,分布均匀,垂直转向,如图9-14所示。
· 布线时可以接触器为中心,按先控制后主电路的顺序进行。
· 在导线的两端应套上编码套管。
· 导线与接线端子必须连接牢固,不能压导线绝缘层,也不宜露铜芯过长。
· 一个元器件接线端子上的连接导线不得多于两根,每节接线端子板上的连接导线一般只允许连接一根。
· 连接控制箱电源进线、出线、按钮及电动机保护地线等。

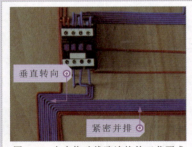

图9-14 电力拖动线路连接的工艺要求

2 控制箱的固定

电路拖动控制箱内的电气部件安装接线完成后,接下来需要将控制箱安装固定在电力拖动控制环境中。一般来说,控制箱适合于墙壁式安装或是落地式安装,确定安装位置后,将控制箱固定孔用规格合适的螺栓固定或底座固定即可,如图9-15所示。

在进行墙壁式安装时,根据环境的不同,安装的高度可以为0.8m、1.2m或1.5m,并与墙壁贴紧;在进行落地式安装时,应尽量与地面垂直安装,若是由于特殊环境不能与地面垂直安装时,其倾斜度也不可以超过5°,并且要做好防水措施

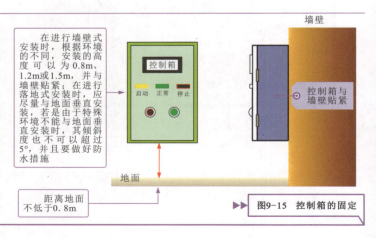

▶▶ 图9-15 控制箱的固定

9.2 电力拖动系统的调试与检修技能

电力拖动线路设计、安装和连接完成后,需要对线路进行调试,若线路各部件动作、控制功能等都正常,则说明电力拖动线路正常,可投入使用。若调试中发现故障,则应对控制线路进行检修。下面分别以典型直流电动机和交流电动机构成的电力拖动线路为例讲述调试与检修操作。

9.2.1 典型直流电动机启动控制线路的调试与检修

对直流电动机启停控制线路进行调试与检修,首先要了解线路的基本控制功能,根据线路功能逐一检查各控制部件操控是否正常、执行部件动作是否到位、直流电动机运转是否正常,并对动作异常、不灵活、不符合要求的位置进行调整,直到线路达到最佳状态。若线路异常,还需要及时进行检修。

1 了解线路功能

找到线路中的控制部件SB1、SB2,操作这两个控制部件,分析线路中各部件的动作或状态的变化,了解线路功能,如图9-16所示。

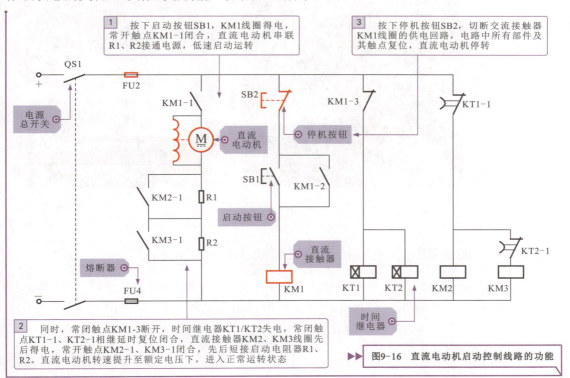

▶▶ 图9-16 直流电动机启动控制线路的功能

2 调试线路,验证线路功能

调试线路分为断电调试和通电调试两个方面。通过调试,确保线路能够完全按照设计要求实现控制功能,并正常工作,如图9-17所示。

【断电调试】	
◆ 对应线路原理图检查线路各部件之间有无漏接、错接部位	正常
◆ 轻轻晃动或拖拽连接端子，检查部件安装和连接是否牢固	正常
◆ 按动操作部件SB1、SB2，检查是否灵活，有无卡死情况等	正常

【通电调试】	
◆ 合上电源总开关QS1，接通直流电源，检查直流电动机是否运转，有无异常发热、声响等	正常
◆ 按下启动按钮SB1，观察接触器触点是否动作，动作状态是否符合控制要求，有无电弧等异常现象	正常
◆ 按下启动按钮SB1，观察时间继电器动作前后顺序是否符合设计要求	正常
◆ 按下停止按钮SB2，查看直流电动机是否停转，接触器、时间继电器触点等复位是否到位，有无卡死情况	正常

▶▶▶ 图9-17 调试和验证线路控制功能

3 排查异常情况，检修故障

在调试过程中，若控制功能异常，或有电气部件动作变化与设计要求不符，需要对线路进行检修。按下启动按钮SB1，直流电动机没有任何动作，可借助万用表对线路进行检修，如图9-18所示。

沿线路连接关系依次检测电路中直流电压均正常，怀疑启动按钮本身异常，应将其引线断开，用万用表检测控制按钮在按下和松开两种状态下的阻值情况。
实测两种状态下的阻值均为无穷大，怀疑内部触点损坏，更换后，故障被排除。

启动按钮

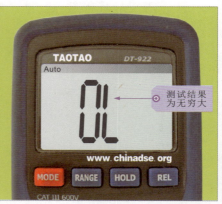
测试结果为无穷大

▶▶▶ 图9-18 线路故障的检修

9.2.2 典型三相交流电动机启动控制线路的调试与检修

对典型三相交流电动机启动控制线路进行调试与检修，首先要了解线路的基本控制功能，根据线路功能逐一检查各控制部件操控是否正常、执行部件动作是否到位、直流电动机运转是否正常，并对动作异常、不灵活、不符合要求的位置进行调整，直到线路达到最佳状态。若线路异常，还需要及时进行检修。

1 了解线路功能

找到该线路中的控制部件SB1（控制线路功能启动）、SB2（控制线路功能停止），操作这两个控制部件，分析线路中各部件的动作或状态的变化，了解线路功能，如图9-19所示。

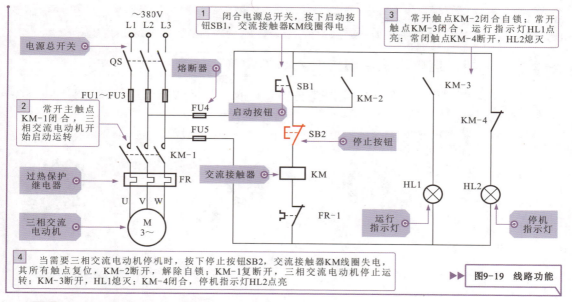

▶▶ 图9-19 线路功能

2 调试线路和验证线路功能

调试线路分为断电调试和通电调试两个方面。通过调试，确保线路能够完全按照设计要求实现控制功能，并正常工作，如图9-20所示。

【断电调试】

按照电路图从电源端开始，逐段确认接线有无漏接、错接之处，检查导线接点的连接是否符合工艺要求

在断开总电源开关的状态下，用万用表欧姆挡检测控制线路线头之间（V1和W1之间）的电阻值判断电路是否正常。按下启动按钮，万用表测得数值应为交流接触器KM线圈两端的电阻值，正常情况下应有一定的阻值

在上述检测中，正常状态下，万用表应测得一定电阻值，此时按下停止键，相当于切断电路，万用表的读数应为无穷大

【通电调试】

合上总电源开关后，停机指示灯HL2灯亮

当按下启动按钮后电动机应能够正常启动，即使松开手电动机仍能持续工作，此时运转指示灯HL1亮

观察各种电器元件动作是否灵活、噪声是否过大、电动机运行是否正常等。若有异常，应立即停车检查

▶▶ 图9-20 调试和验证线路功能

3 排除异常情况，检修线路故障

在上述调试过程中，当切断电路时，交流接触器的线圈也能够断电，但发现接触器的常开主触点不能释放，有时能释放但释放速度缓慢，导致电动机不能根据需要迅速断电停机的故障。

根据维修经验，接触器线圈能够随控制电路操作而断电，说明线路的连接正常，接触器主触点无法释放的原因有很多种，常见的原因及解决方法如下：

（1）铁芯表面有油污导致线圈铁芯不能迅速断开，使接触器主触点不能迅速释放，清理铁芯极面即可排除故障。

（2）触点弹簧压力过小或反作用弹簧损坏是导致出现上述故障现象最常见的原因。电气设备使用寿命的限制或较长时间连续高强度的工作都会使电气设备本身性能降低而导致工作不良。此时，可通过调整触点弹簧力或直接更换弹簧的方法排除故障。

（3）机械卡阻。有些工矿企业，由于工作环境的复杂性，难免会有杂物进入控制板中，打开交流接触器外壳，清除卡阻物即可排除故障。

9.3 典型电力拖动控制线路的调试与检修实际应用案例

9.3.1 单相交流电动机启动控制线路的调试与检测

单相交流电动机的启停控制电路是指由按钮开关、接触器等功能部件实现对单相交流电动机启动和停止的电气控制。

图9-21为典型单相交流电动机启停控制电路的结构组成。

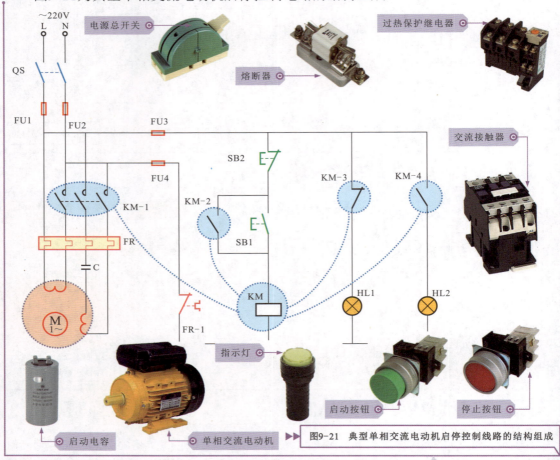

▶▶ 图9-21 典型单相交流电动机启停控制线路的结构组成

电源总开关，在电路中用于接通单相电源。
熔断器，在电路中用于过载、短路保护。
过热保护继电器，在电路中用于单相交流电动机的过热保护。
交流接触器，通过线圈的得电，触点动作，接通单相交流电动机的单相电源，启动单相交流电动机。
启动按钮，用于单相交流电动机的启动控制。停止按钮，用于单相交流电动机的停机控制。
指示灯，用于指示单相交流电动机的工作状态。
启动电容，用来使单相交流电动机两个绕组中的电流产生相位差，以产生旋转磁场，使单相交流电动机旋转。
单相交流电动机利用单相交流电源供电，其转速随负载变化略有变化，在控制线路中受启动按钮、停止按钮及交流接触器等控制部件控制，为不同的机械设备提供动力。

图9-22为典型单相交流电动机启停控制电路的接线关系。

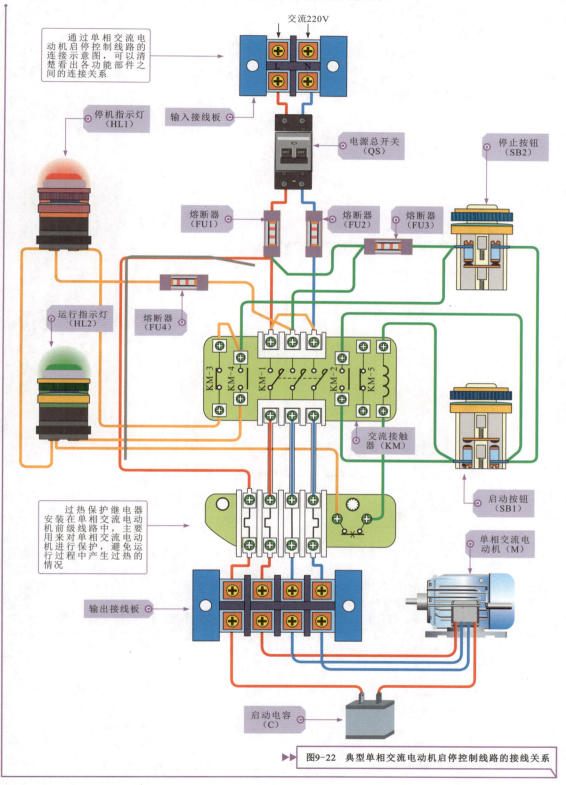

▶▶ 图9-22 典型单相交流电动机启停控制线路的接线关系

结合单相交流电动机启停控制线路的结构组成和接线关系，先按照电路原理图和接线图从电源端开始，逐段确认接线有无漏接、错接之处，检查导线接点是否符合工艺要求，检查供电电路部分的接线是否正确。

首先，断开电源开关QS，用验电器检测被测电路无电后，按下启动按钮SB1，控制电路启动；按下停止按钮SB2，控制支路供电回路被切断。根据这一控制关系，借助万用表检测控制支路的通断状态判断电路的启停功能是否正常，如图9-23所示。

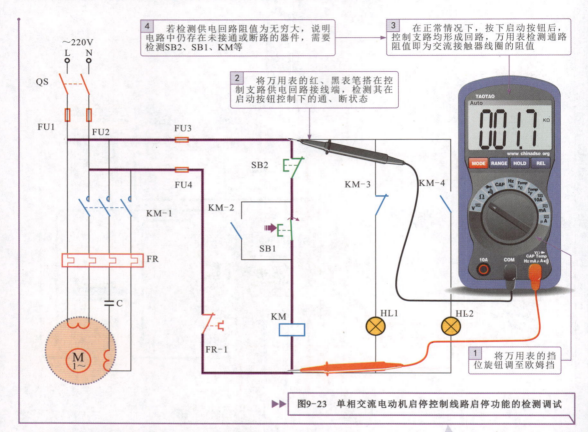

▶▶▶ 图9-23 单相交流电动机启停控制线路启停功能的检测调试

　　在上述控制支路中，在按下启动按钮（保持按下状态，不能松开按钮）后，控制支路的供电回路接通，用万用表检测时，应能够测得回路中各部件串联后的阻值，由于SB2、SB1触点在接通状态下阻值可以忽略不计，因此，当电路启动功能正常时，万用表所测得的阻值即为交流接触器线圈的阻值。若阻值过大或接近无穷大，需要对电路中的组成部件进行检测。

　　在按下停止按钮SB2后，该控制支路的供电回路均被切断，借助万用表检测回路阻值，所测结果应为无穷大，说明该电路的停止功能正常。若借助万用表检测时不符合上述规律，则说明停止按钮失常，需要检测停止按钮的性能，排除故障因素，恢复电路功能。

　　确定线路连接无误后，接下来可进行通电测试操作，在实际操作过程中要严格执行安全操作规程中的有关规定，确保人身安全。

　　根据电路的功能，接通电源，合上电源总开关QS后，停机指示灯HL1应点亮。当按下启动按钮SB1时，电动机应能正常运行，同时运行指示灯HL2点亮，停机指示灯HL1熄灭；当按下停机按钮时，电动机应停止运转，停机指示灯HL1点亮，运行指示灯

HL2熄灭。通电测试过程中,应同时观察各种电器元件动作是否灵活,噪声是否过大,电动机运行是否正常等情况。若有异常,应立即停机检查,如图9-24所示。

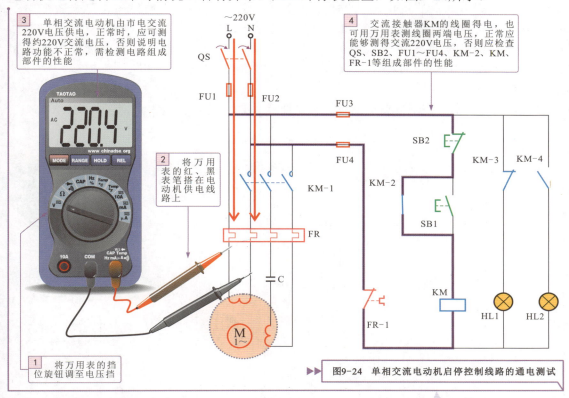

▶▶▶ 图9-24 单相交流电动机启停控制线路的通电测试

在测试过程中,当切断电路时,交流接触器的线圈也能够断电,但发现接触器的常开主触点不能释放,有时能释放但释放速度缓慢,导致电动机不能根据需要迅速断电停机的故障时,根据维修经验,接触器线圈能够根据控制电路操作而断电,说明线路的连接正常,接触器主触点无法释放的原因有很多种:铁芯表面有油污;触点弹簧压力过小或反作用弹簧损坏;有杂物卡住触点,需要检修或更换交流接触器,如图9-25所示。

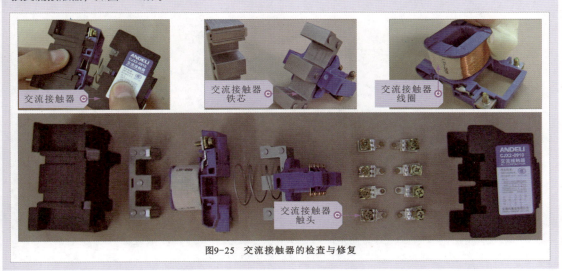

图9-25 交流接触器的检查与修复

9.3.2 三相交流电动机反接制动控制线路的调试与检测

三相交流电动机的反接制动控制线路是指通过反接电动机的供电相序来改变电动机的旋转方向，以此来降低电动机的转速，最终达到停机的目的。电动机在反接制动时，电路会改变电动机定子绕组的电源相序，使之有反转趋势而产生较大的制动力矩，从而迅速使电动机的转速降低，最后通过速度继电器自动切断制动电源，确保电动机不会反转。

图9-26为典型三相交流电动机反接制动控制电路的结构组成。

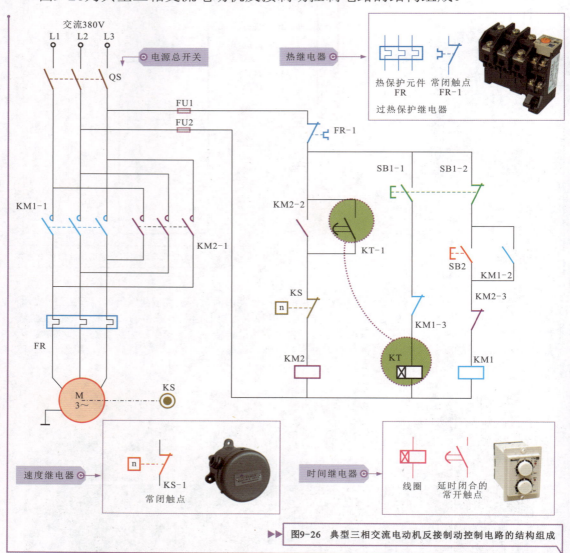

▶▶ 图9-26 典型三相交流电动机反接制动控制电路的结构组成

速度继电器常用于三相异步电动机反接制动电路中，工作时，转子和定子与电动机相连接，当电动机的相序改变，反相转动时，速度继电器的转子也随之反转，产生与实际转动方向相反的旋转磁场，从而产生制动力矩，这时速度继电器的定子就可以触动另外一组触点，使之断开或闭合。
当电动机停止时，速度继电器的触点即可恢复原来的静止状态。

图9-27为典型三相交流电动机反接制动控制电路的接线关系。

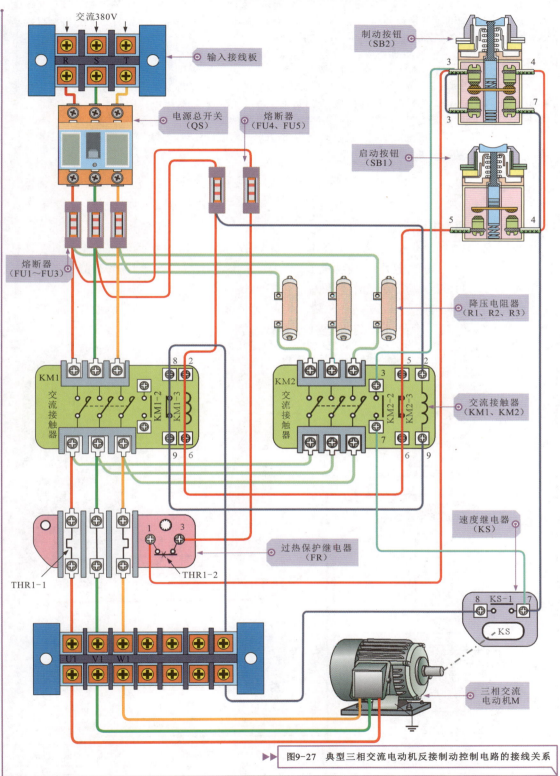

图9-27 典型三相交流电动机反接制动控制电路的接线关系

合上电源总开关QS，接通三相电源。按下启动按钮SB2，交流接触器KM1线圈得电。常开主触点KM1-1闭合，三相交流电动机按L1、L2、L3的相序接通三相电源，开始正向启动运转；常开辅助触点KM1-2闭合，实现自锁功能；常闭触点KM1-3断开，防止KT线圈得电。

如需制动停机，按下制动按钮SB1。常闭触点SB1-2断开，交流接触器KM1线圈失电，其触点全部复位；常开触点SB1-1闭合，时间继电器KT线圈得电。

当达到时间继电器KT1预先设定的时间时，常开触点KT-1延时闭合。交流接触器KM2线圈得电。常开触点KM2-2闭合自锁。常闭触点KM2-3断开，防止交流接触器KM1线圈得电。常开触点KM2-1闭合，改变电动机定子绕组电源相序，电动机有反转趋势，产生较大的制动力矩，开始制动减速。

当电动机转速减小到一定值时，速度继电器KS断开，KM2线圈失电，其触点全部复位，切断电动机的制动电源，电动机停止运转。

三相交流电动机反接制动控制线路中，启动按钮SB2控制电动机启动运转；制动按钮SB1控制电动机反接制动停机；三相交流电动机在电路控制下实现正相序启动运转，反相序制动停机功能。因此，检查和测试三相交流电动机反接制动控制线路时，可接通电路总电源开关，按下启动按钮SB2，检测电路电压值，根据测量结果判断电路性能。若供电正常，说明电路控制功能正常；若无供电，需要在断电状态测量控制部分所有组成部件的性能，最后完成电路的检验、调试或故障判别。

首先，在电路中按下启动按钮SB2，控制支路部分形成供电回路，控制电路启动。根据这一控制关系，可借助万用表检测控制支路的供电电压，如图9-28所示。

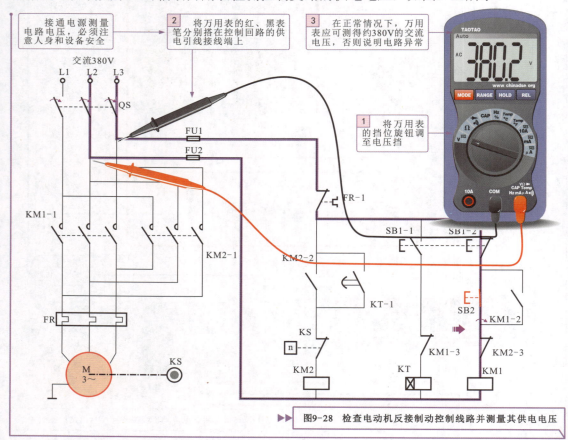

▶▶ 图9-28 检查电动机反接制动控制线路并测量其供电电压

如果电路异常，则可进行电阻的测量。注意，必须确认电路无供电后再检测。电阻测量法是指在切断电源的状态下，用万用表的电阻挡测量控制线路中电气故障的方法。该方法操作简单、方便和安全，是检修电力拖动线路中最常采用的一种检测方法。

如图9-29所示，使用电阻测量法检测线路时，首先切断线路总电源，将万用表置于电阻挡，检测怀疑线路部分的电阻值，根据测量结果判断测量部位的正常与否。

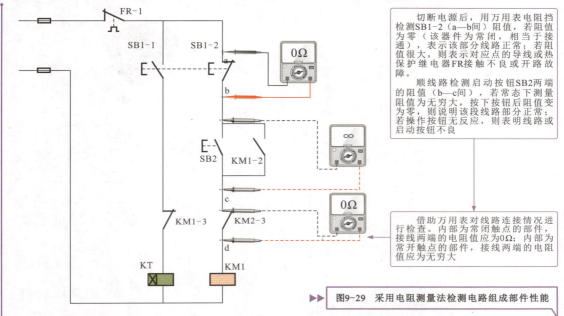

▶▶▶ 图9-29 采用电阻测量法检测电路组成部件性能

检测控制部分组成部件的性能时，还可保持万用表一只表笔在线路开始部分不动，另一只表笔沿线路连接情况逐级向后检测，当发现阻值不正常时，即为重要的故障点，由此来判断线路中的故障，此法为电阻分阶测量法，如图9-30所示。

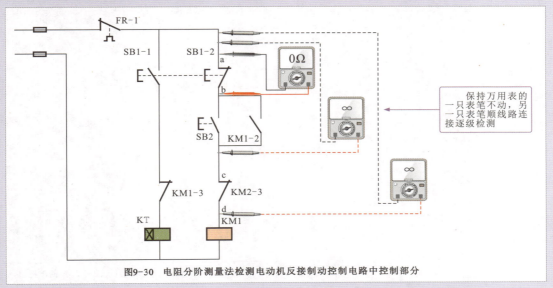

图9-30 电阻分阶测量法检测电动机反接制动控制电路中控制部分

9.3.3 三相交流电动机调速控制线路的调试与检测

三相交流电动机调速控制线路是指利用时间继电器控制电动机的低速或高速运转，用户可以通过低速运转按钮和高速运转按钮实现对三相交流电动机低速和高速运转的切换控制。

图9-31为典型三相交流电动机调速控制线路的结构组成。

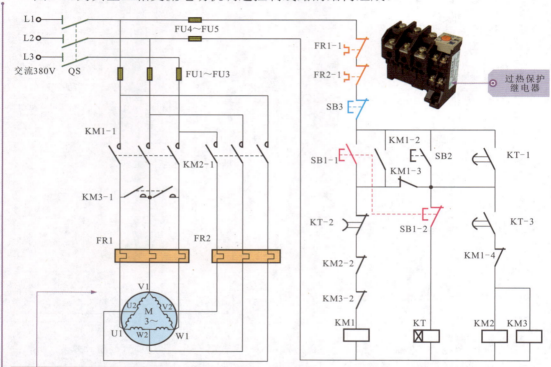

根据控制电路可知，该电路主要的部件有电源总开关QS、低速运转按钮SB1、高速运转按钮SB2、停止按钮SB3、交流接触器KM1/KM2/KM3、时间继电器KT、过热保护继电器FR1/FR2等。

当高速运行时，电动机定子绕组为YY连接，这种连接是指将三相电源L1、L2、L3连接在定子绕组的出线端U2、V2、W2上，且将接线端U1、V1、W1连接在一起，此时电动机每相绕组的①②线圈相互并联，电动机磁极为2极，同步转速为3 000r/min。

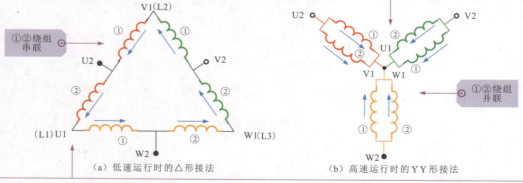

(a) 低速运行时的△形接法　　(b) 高速运行时的YY形接法

双速三相交流电动机通过内部定子绕组的不同连接方式实现速度调整。当低速运行时，电动机定子为三角形（△）连接方法，这种接法中，电动机的三相定子绕组接成三角形，三相电源线L1、L2、L3分别连接在定子绕组三个出线端U1、V1、W1上，且每相绕组中点接出的接线端U2、V2、W2悬空不接，此时电动机三相绕组构成了三角形连接，每相绕组的①②线圈相互串联，电路中电流方向如图中箭头所示。若此时电动机磁极为4极，则同步转速为1500r/min。

▶▶ 图9-31　典型三相交流电动机调速控制线路的结构组成

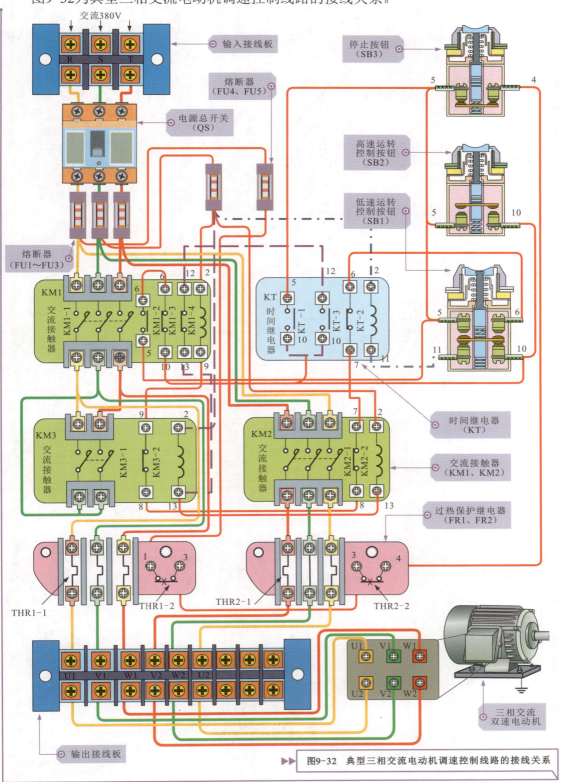

图9-32 典型三相交流电动机调速控制线路的接线关系

三相交流电动机调速控制线路在通电试机前，需要对其连接线路进行测试操作。首先按照电路原理图和接线图从电源端开始，逐段确认接线有无漏接、错接之处，检查导线连接点是否符合工艺要求。若各处连接均正常，则需要对控制线路的通断情况进行检测，如图9-33所示。

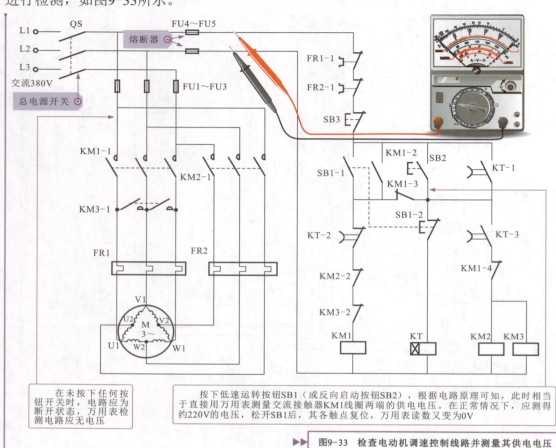

图9-33 检查电动机调速控制线路并测量其供电电压

若检测线路均正常，则以同样的方法检测交流接触器及停止按钮，在正常情况下，手动操作交流接触器的主触点使其闭合，检测控制电路部分接通，此时用万用表两表笔接在控制电路线端，按下停止按钮SB3后，切断电路，万用表读数应为无穷大。检测均正常后，需要通电并按动各功能键，若能实现调速，则电路正常。

若电路持续运转相当长的一段时间后，过热保护器因电动机过热自动切断保护电路，但在电动机及周围环境冷却后，闭合过热保护器触头，接通电源，按动低速运转按钮，电动机不能启动运转，应对过热保护继电器进行检测或更换过热保护继电器，如图9-34所示。

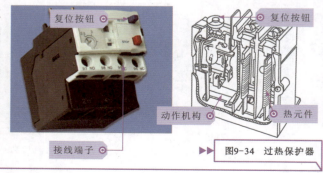

图9-34 过热保护器

9.3.4 电动机拖动水泵构成的农田排灌控制线路的调试与检测

农田灌溉控制线路是一种具有农田灌溉过程中自动停机功能的电路，即能够根据排灌渠中水位的高低自动控制排灌电动机的启动和停机，从而防止了排灌渠中无水而排灌电动机仍然工作的现象，进而起到保护排灌电动机的作用。

图9-35为农田排灌控制线路的结构组成。

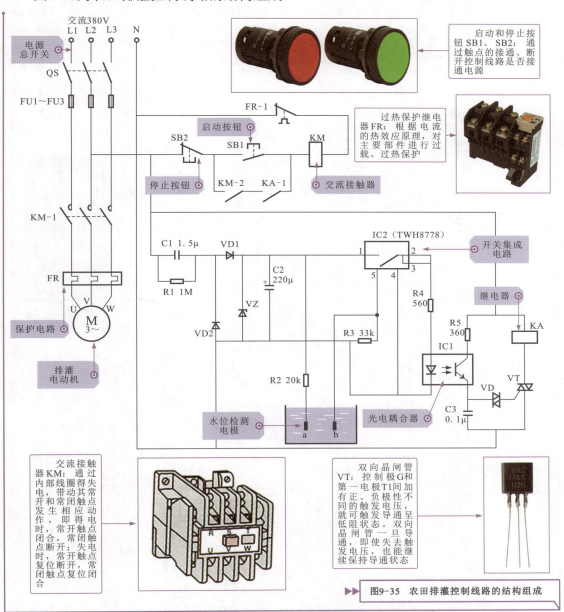

▶▶▶ 图9-35 农田排灌控制线路的结构组成

闭合电源总开关QS，交流220V电压经电阻器R1和电容器C1降压，整流二极管VD1、VD2整流，稳压二极管VZ稳压，滤波电容器C2滤波后，输出+9V直流电压。9V电压一路加到开关集成电路IC2的①脚，另一路经R2和电极a、b加到IC2的⑤脚，⑤脚为高电平，使开关集成电路IC2内部电子开关导通。

开关集成电路IC2内部的电子开关导通,由其②脚输出+9V电压。+9V电压经R4为光电耦合器IC1供电,IC1工作后输出触发信号,双向触发二极管VD导通,触发双向晶闸管VT导通,中间继电器KA线圈得电,常开触点KA-1闭合。

按下启动按钮SB1,交流接触器KM线圈得电,自锁触点KM-2闭合自锁,锁定启动按钮SB1,即使松开SB1,KM线圈仍可保持得电状态;同时,KM主触点KM-1闭合,接通电源,水泵电动机M带动水泵启动运转,对农田进行灌溉。

排水渠水位降低至最低,水位检测电极a、b由于无水而处于开路状态,IC2的⑤脚变为低电平,开关集成电路IC2内部的电子开关复位断开。光电耦合器IC1、双向触发二极管VD、双向晶闸管VT均截止,中间继电器KA线圈失电,触点KA-1复位断开。交流接触器KM的线圈失电,触点复位,为控制电路下次启动做好准备,电动机电源被切断,电动机停止运转,自动停止灌溉作业。

农田排灌控制线路在实际工作时,与线路功能不一致或异常,需要对线路进行调试和检测,如图9-36所示。

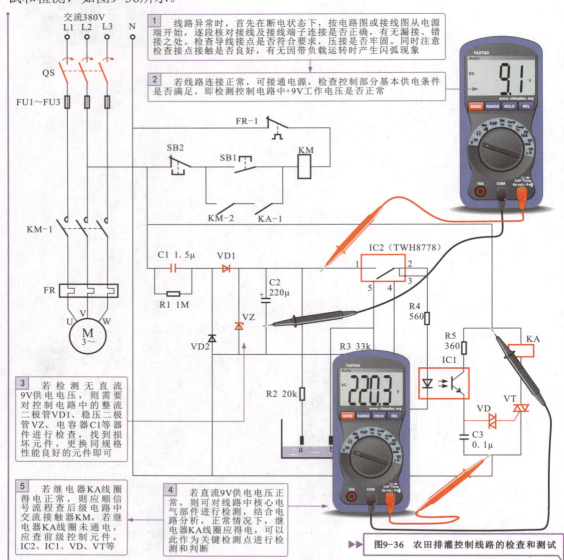

▶▶▶ 图9-36 农田排灌控制线路的检查和测试

9.3.5 电动机拖动机床构成铣床控制线路的调试与检测

电动机拖动机床设备常见的有铣床、车床、磨床、钻床、刨床等，下面以典型铣床控制线路为例进行介绍。

铣床用于对工件进行铣削加工。图9-37为典型铣床控制线路的结构组成。该电路配置两台电动机，分别为冷却泵电动机M1和铣头电动机M2。其中，铣头电动机M2采用调速和正反转控制，可根据加工工件对其运转方向及旋转速度设置；冷却泵电动机则根据需要通过转换开关直接控制。

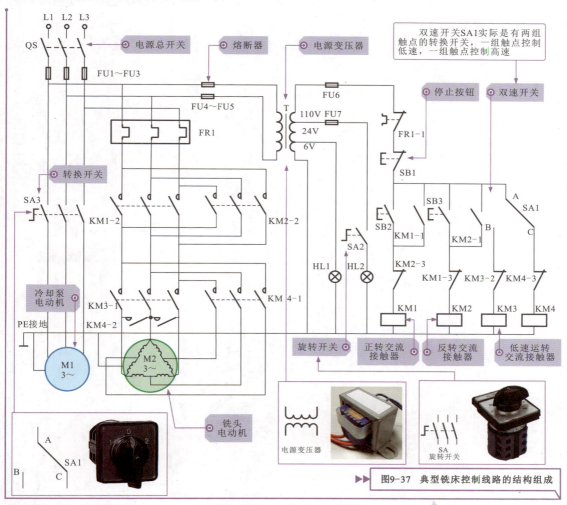

图9-37 典型铣床控制线路的结构组成

合上QS，按下正转启动按钮SB2，KM1的线圈得电，其常开辅助触点KM1-1闭合，实现自锁功能；同时，常开主触点KM1-2闭合，为M2正转做好准备；常闭辅助触点KM1-3断开，防止KM2的线圈得电。

转动SA1，触点A、B接通，KM3的线圈得电，其常闭辅助触点KM3-2断开，防止KM4的线圈得电；常开主触点KM3-1闭合，电源为M2供电。铣头电动机M2绕组呈△形连接接入电源，开始低速正向运转。

闭合旋转开关SA3，冷却泵电动机M1启动运转。转动双速开关SA1，触点A、C接通，KM4的线圈得电，相应触点动作，其常闭辅助触点KM4-3断开，防止KM3的线圈得电；同时，常开触点KM4-1、KM4-2闭合，电源为铣头电动机M2供电，铣头电动机M2绕组呈Y形连接接入电源，开始高速正向运转。

当铣头电动机M2需要高速反转运转加工工件时,按下反转启动按钮SB3,其内部常开触点闭合,交流接触器KM2动作,电路控制过程与正转相似。

当铣削加工完成后,按下停止按钮SB1,无论电动机处于任何方向或速度运转,接触器线圈均失电,铣头电动机M2停止运转。

典型万能铣床在实际工作时,与线路功能不一致或异常,需要对线路进行调试和检测。根据控制线路原理,该机床设备铣头的变速运行受控制线路中调速开关SA1的控制,若电动机调速控制失常,主要检查控制线路中调速开关SA1及交流接触器KM1~KM4线圈和触点是否正常。

在电路接通电源状态下,当调速开关SA1的A、B触点接通时,交流接触器KM3线圈上应有交流110V电压,如图9-38所示,否则说明调速开关SA1控制失常。

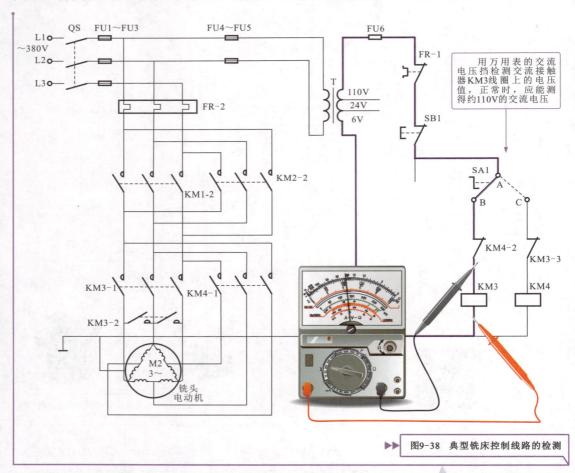

▶▶ 图9-38 典型铣床控制线路的检测

在检测过程中,若铣头电动机M2无法启动,应对主电路及控制电路进行检测。
- 检查总电源开关QS,熔断器FU1~FU3是否存在接触不良或连线断路。
- 检查控制电路中热继电器是否有常闭触点不复位或接触不良,可手动复位、修复或更换。
- 检查控制电路中启动按钮SB2、SB3触点接触是否正常,连接是否存在断路,修复或更换。
- 检查交流接触器线圈是否开路或连线断路,更换同规格接触器或将连线接好。